本书实例效果

U0131895

对比 ▶▶▶ GO

Chapter 05
Photoshop CS4
5.3.3
为小孩修补缺牙

Chapter 05
Photoshop CS4
5.5.2
嫩肤

Chapter 07
Photoshop CS4
7.1.2
老照片效果

Chapter 05
Photoshop CS4
技巧05
给黑白照片上色

Chapter 06
Photoshop CS4
技巧02
制作彩虹效果

非常简单

高手指引

学会Photoshop CS4 数码照片处理

一线工作室　编著

北京科海电子出版社
www.khp.com.cn

内 容 提 要

本书从零开始，完全以"读者自学"的角度出发，力求解决初学者"学得会"与"用得上"两个关键问题，采用"全程图解操作步骤"的全新写作方式，结合工作与生活中的实际应用，系统并全面地介绍了 Photoshop CS4 软件在数码照片处理方面的相关知识。

本书内容包括 Photoshop CS4 数码照片处理入门知识、Photoshop 在数码照片处理中的应用、数码照片色彩与色调调整、数码照片的修改和修饰、人物照片的调整与修饰、风景照片的特殊处理、添加艺术效果、数码照片个性创意制作、数码照片的输出与分享等内容，最后给初学者讲解了 Photoshop CS4 在数码照片处理中的相关综合实例。

本书内容详实、结构清晰、实例丰富、图文并茂，注重读者日常生活、学习和工作中的应用需求。以"步骤引导+图解操作"的方式进行讲解，真正做到以图析文，一步一步地教会读者学会使用 Photoshop CS4 进行数码照片处理。

本书是一本一看就懂，一学就会的 Photoshop CS4 数码照片处理入门图书，定位于电脑初、中级用户。本书既是广大电脑初学者、照片处理爱好者以及影楼从业人员的最佳读物，也是广大摄影爱好者的最佳速查手册。

声 明

高手指引

非常简单学会 Photoshop CS4 数码照片处理

一线工作室　编著

责任编辑	高　莹	**封面设计**	Fashion Digital　梵绅数字
出版发行	北京科海电子出版社		
社　　址	北京市海淀区上地七街国际创业园 2 号楼 14 层	**邮政编码**	100085
电　　话	（010）82896594　62630320		
网　　址	http://www.khp.com.cn（科海出版服务网站）		
经　　销	新华书店		
印　　刷	北京市科普瑞印刷有限责任公司印刷		
规　　格	185 mm×260 mm　16 开本	**版　　次**	2009 年 5 月第 1 版
印　　张	17.25	**印　　次**	2009 年 5 月第 1 次印刷
字　　数	420 000	**印　　数**	1 - 5000
定　　价	29.80 元（含 1 多媒体教学 DVD+1 配套手册）		

前　言

当今时代，电脑已经成为大多数人生活和工作的必备工具，不掌握电脑的操作技能，将会在当今社会的激烈竞争中处于明显的劣势。然而，在高速度、快节奏的今天，由于工作、生活等各种因素，却使很多人没有充足的时间与富余的资金专门进入培训学校学习电脑知识。

市场调查显示：以最快的速度、最好的方法、最低的费用来掌握电脑操作技能，是每一位电脑初学者的强烈愿望。因此，我们汇聚众多电脑自学者的成功经验和一线教师的教学经验，精心策划并编著本书。为了保证读者能在短时间内快速掌握相关技能，并从书中学到有用的知识，本书在内容安排和写作方式上都进行过认真探讨和总结，并经过多位电脑初学者试读验证。

为什么说本书能够让您"非常简单学会"Photoshop CS4 数码照片处理?

◎　直观形象的图解式写作——阅读时易学、易懂

为了方便初学者学习，本书采用全新的"图上标注操作步骤"的写作方式进行讲解，省去了繁琐而冗长的文字叙述。读者只要按照步骤讲述的方法去操作，就可以逐步地做出与书中相同的效果，真正做到简单明了，直观易学。

◎　通俗易懂的文字语言风格——内容上实用、常用

本书在写作时力求语言通俗、文字浅显，避免生僻、专业的词汇术语；在内容写作安排上，结合生活与工作中的实际应用，以"只讲常用的、实用的知识"为原则，并以实例方式讲解软件的操作技能，保证知识的学以致用。

◎　精心安排的体系结构——学习时简单、轻松

本书采用适合初学者学习的写作结构体系，通过一位高手的全书指导，可快速掌握相关技能。"基础入门"主要介绍本章中读者必知必会的内容；"进阶提高"提供了相关操作的实践技巧；"过关练习"主要布置读者学习后的课后上机操作实践练习题。

◎　制作精良的多媒体教学光盘——使用时直观、明了

为了方便读者自学使用，本书还配套了交互式、多功能、超大容量的多媒体教学光盘。通过将教学光盘的视频演示和同步讲解完美配合，直接展示每一步操作，有利于提高初学者的学习效率，加快学习进度。通过书、盘互动学习，可让读者感受到老师亲临现场教学和指导的学习效果。

从本书中您能够学到什么？

《非常简单学会 Photoshop CS4 数码照片处理》是"高手指引"系列丛书中的一种。本书以"快速入门"和"无师自通"为原则，系统并全面地介绍了数码照片处理入门、Photoshop 数码照片处理中的应用、数码照片色彩调整与校正、照片图像修饰与调整、人物照片常见的修改与调整、风景照片常见的修饰与调整，以及数码照片个性创意制作、艺术效果设计、打印输出与分享等知识。

本书共分为 10 章，具体内容包括：

第 1 章　数码照片处理入门；	第 6 章　风景照片的特殊处理；
第 2 章　Photoshop 在数码照片处理中的应用；	第 7 章　添加艺术效果；
第 3 章　数码照片色彩与色调调整；	第 8 章　数码照片个性创意制作；
第 4 章　数码照片修改、修饰及变换；	第 9 章　数码照片输出与分享；
第 5 章　人物照片的调整与修饰；	第 10 章　数码照片处理综合实例。

您是否适合使用本书？

如果您是属于以下情况之一，建议您购买本书学习：

- 如果您对 Photoshop CS4 数码照片处理一点不懂，希望通过自学方式，快速掌握 Photoshop CS4 数码照片处理的相关技能，建议您选择本书！
- 如果您对 Photoshop CS4 数码照片处理有一定的了解，或基础不太好，对知识一知半解，希望系统并全面掌握 Photoshop CS4 数码照片处理知识，建议您选择本书！
- 如果您希望学习 Photoshop CS4 数码照片处理的相关技巧、经验，从而达到操作技能的提高和熟练的目的，建议您选择本书！
- 如果您曾经尝试多次学 Photoshop CS4 数码照片处理，都未完全入门或学会，建议您选择本书！

作者对您的诚挚感谢！

本书由北京科海电子出版社与一线工作室联合策划，一线工作室组织编写，参与本书编写的人员有胡子平、关淼、冉丹、周卫平、江孝忠、黄镇、于新杰、何兵、关朝军、靳均、周欢等。他们都是从事计算机一线教学多年的老师、专家，具有丰富的使用经验和操作技巧，在此向所有参与本书编创的工作人员表示由衷的感谢！

最后，真诚感谢读者购买本书。您的支持是我们最大的动力，我们将不断努力，为您奉献更多更优秀的电脑图书！由于计算机技术发展非常迅速，加上编者水平有限、时间仓促，不足之处在所难免，敬请广大读者和同行批评指正。

编　者

2009 年 3 月

多媒体教学光盘使用说明

多媒体教学光盘包括书中重点设置的视频教程，对应各章节详细地讲解具体操作方法。读者可以先阅读图书再浏览光盘，也可以直接通过光盘学习 Photoshop CS4 数码照片处理的相关内容。

另外，考虑到读者的实际需要，本光盘附赠了大量实用资源，真正做到了小光盘大容量，使读者在全面掌握 Photoshop CS4 数码照片处理知识与技能的基础上，能够利用这些资源做出各种效果。用户可在光盘主界面单击对应按钮打开对应的资料文件夹，并打开或查看其中的各种文件。

为便于读者使用，本光盘采用了统一的风格、界面与使用方法，下面就以《非常简单学会五笔打字》为例介绍本光盘的使用方法。

多媒体教学光盘的使用方法

①将多媒体教学光盘放入光驱后，系统会自动运行多媒体程序，并进入光盘的主界面，如图1所示。如果系统没有自动运行光盘，只需在"我的电脑"中双击光驱的盘符进入光盘，然后双击"AutoRun.exe"文件即可。

②光盘主界面右侧为"教学视频浏览区"，包括"第1章"、"第2章"、"第3章"、"第5章"、"第6章"和"第7章"6个按钮；主界面左侧为"辅助内容浏

图1 "多媒体教学光盘"主界面

览区"，包括"光盘说明"、"素材文件"、"结果文件"、"浏览光盘"和"退出"5个按钮。读者可以根据需要单击其中某个按钮进入相对应内容的浏览界面。

教学视频的浏览

单击主界面右侧的章名序号按钮，会弹出该章所包含视频教程的选择按钮，如图2所示。读者

可以根据学习需要单击其中某个按钮，系统将开始播放视频教程，如图3所示。

图2　视频列表　　　　　　　　　　　　　　　图3　播放视频

"素材文件"与"结果文件"的浏览

单击主界面左侧的"素材文件"与"结果文件"按钮，系统将弹出"素材文件"与"结果文件"的文件列表，用户可查看或打开其中的各种类型文件，如图4、图5所示。

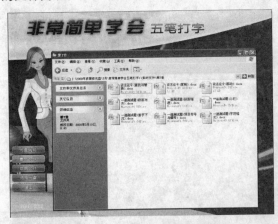 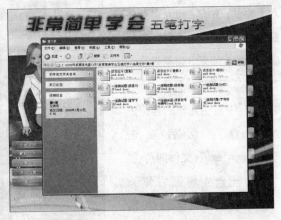

图4　"素材文件"资料文件夹　　　　　　　　图5　"结果文件"资料文件夹

光盘的"说明"、"浏览"与"退出"

单击"光盘说明"按钮，可以查看使用本多媒体教学光盘的最低设备要求。

单击"浏览光盘"按钮，可以查看光盘的目录，目录中详细列出了视频教程的文件路径和名称，方便读者查找。

单击"退出"按钮，将退出多媒体教学系统，并显示光盘相关制作人员的名单。

Contents

目　录

Chapter 01

数码照片处理入门

高手指引

丫丫刚从学校毕业，最近找了一份美工的工作。今天老板要求她使用 Photoshop 处理一些客户的照片。丫丫接到这个任务后很着急，因为她不会使用 Photoshop 图像处理软件，平时最多就是合成图片、添加文字，从来没有使用 Photoshop 处理过照片。同事老王可是个照片处理高手，看着发呆的丫丫，他主动提出要帮助她。

 丫丫，不会处理照片吗？

 老王，Photoshop 软件我不太会，怎么处理照片啊？

 不会就学习吧。让我来教你，你用不了多少时间就会熟练掌握这个软件。

 那太好了。谢谢您！

 不必客气，工作上相互帮助是应该的。下面就进入 Photoshop CS4 的入门学习吧。

Photoshop 是 Adobe 公司旗下最为出名的图像处理软件之一。Adobe 公司成立于 1981 年，是美国最大的个人计算机软件公司之一。经过 Adobe 公司不断地研发，现在最新的版本是 Adobe Photoshop CS4。

学习要点

◆ 了解数码照片的相关概念
◆ 掌握 Photoshop CS4 的安装与启动
◆ 认识 Photoshop CS4 的工作界面
◆ 掌握 Photoshop 的基本操作

轻松入门·快速学会

基础入门 —— 必知必会知识

1.1 数码照片的相关概念

在学习数码照片处理之前，首先来了解一些有关照片处理的相关概念，如像素、分辨率、色彩的常见模式以及照片的常见储存格式等知识。

1.1.1 像素和分辨率

分辨率与像素有直接的关系，通常照片分辨率相乘的结果就是数码相机 CCD 的像素数目。

1. 照片像素

一般来说相机标示的像素值越高，相对的解析度也就越高，而捕捉下来的画面也就越精细。因为像素越高表示能提供的拍摄分辨率也越高，这样的照片即使放到大尺寸观看也能保持清晰的品质。

原始照片效果

放大后效果

2. 照片分辨率

照片分辨率即照片中每单位长度所显示的点（dot）或像素（pixel）的多少。例如分辨率为 300dpi 的照片表示该照片每英寸含有 300 个点。

高手点拨

通常情况下，如果希望照片仅用于显示，可将其分辨率设置为 72ppi 或 96ppi（与显示器分辨率相同）；如果希望图像用于印刷输出，则应将其分辨率设置为 300ppi 或更高。对于数码照片冲印或照片打印来说，在拍照时一般需要相机设置为 500 万像素或者更高一些。

分辨率 300dpi 的照片放大后的效果

分辨率 72dpi 的照片放大后的效果

✎ **高手点拨**

相同尺寸的照片，高分辨率比低分辨率包含更多的像素，其像素点小且密，更能细致表现出照片的色调变化。

1.1.2 图像的颜色模式

颜色模式决定了用于显示和打印照片的颜色效果，决定了如何描述和重现照片的色彩。本小节中将介绍在 Photoshop 中所表现出来的几种颜色模式。

1. 灰度模式

灰度模式的照片中只存在灰度，而没有色度、饱和度等彩色信息。它共有 256 个灰度级。其应用十分广泛，在成本相对低廉的黑白印刷中，许多照片都采用了灰度模式。

✎ **高手点拨**

尽管灰度模式的照片色彩不丰富，把数码照片处理成灰度效果，却可以营造怀旧的艺术氛围。若再进行阈值调整，又可能得到黑白效果照片。

在灰度模式下进行阈值调整后的效果

2. 位图模式

位图模式使用两种颜色值（黑、白）来表示照片中的像素。位图模式的照片也叫做黑白照片，它的每个像素都用 1bit 的位分辨率来记录，所需的磁盘空间最小。当需要将照片转换成位图模式时，必须先将照片转换成灰度模式。

原始照片效果

位图模式效果

3. 双色调模式

　　双色调模式通过使用 2~4 种自定油墨，创建双色调（2 种颜色）、三色调（3 种颜色）、四色调（4 种颜色）的灰度照片。

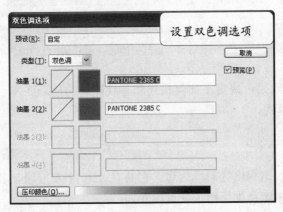

设置双色调选项

双色调模式效果

高手点拨

　　要转换成双色调模式，必须先转换成灰度模式，然后选择"图像">"模式">"双色调"命令，在打开的对话框中选择色调类型，接着分别设置每个油墨的颜色，还可以通过调整双色调曲线来微调图像色彩。

4. 索引颜色模式

　　索引颜色模式又称映射色彩模式，该模式的像素只有 8 位，即图像最多只支持 256 种颜色。

　　索引颜色模式虽然会使照片颜色信息丢失，但该模式下的照片文件在保持图像视觉品质的同时可减少文件大小，因此它被广泛应用于多媒体动画应用程序和 Web 领域。

　　在这种模式下，只能进行有限的编辑，若要进一步编辑，应临时转换为 RGB 模式。

原始照片效果

索引颜色设置
为 6 时的效果

5. RGB 颜色模式

RGB 颜色模式是最基本、也是使用最广泛的颜色模式。它源于有色光的三原色原理，其中 R（Red）代表红色，G（Green）代表绿色，B（Blue）代表蓝色。

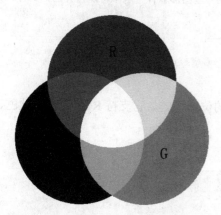

高手点拨

每种颜色都有 256 种不同的亮度值，彩色显示器就是利用 RGB 模式，它通过发出 3 种不同强度的红、绿、蓝光束，使荧光屏上的荧光材料产生不同颜色的亮点。

6. CMYK 颜色模式

CMYK 颜色模式是一种印刷模式，C（Cyan）代表青色，M（Magenta）代表品红色，Y（Yellow）代表黄色，K（Black）代表黑色。

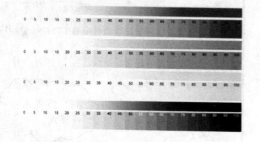

高手点拨

在印刷过程中，通常使用这 4 种颜色的印刷板来产生各种不同的颜色效果。

7. Lab 模式

Lab 模式是 Photoshop 在不同颜色模式之间转换时使用的内部颜色模式。它能毫无偏差地在不同系统和平台之间进行转换。

1.1.3　常见图像文件格式

Photoshop 共支持 20 多种格式的图像，可以对不同格式的图像进行编辑，也可以根据需要将其另存为其他格式。

下面介绍几种最常用的文件格式的特点以及用途。

1. PSD（*.psd）

PSD 格式是 Photoshop 的标准文件格式，可以保存图像的层、通道等许多信息。

PSD 格式所包含的图像数据信息较多，相对其他格式的图像文件要大，但使用这种格式存储的图像修改起来比较方便，因此这也是其最大的优点。

高手点拨

　　由于内部格式带有软件的特定信息，如图层与通道等，其他一些图形软件一般不可以打开它；另外，虽然占用字节量大，但在 Photoshop 中存储速度很快。

2. BMP（*.bmp）

BMP 格式是微软公司软件的专用格式，也就是常见的位图格式。它支持 RGB、索引颜色、灰度和位图颜色模式，但不支持 Alpha 通道。

高手点拨

　　位图格式产生的文件较大，但它是最通用的图像文件格式之一。

3. TIFF（*.tif）

TIFF 格式是一种无损压缩格式，它可以在众多图像软件之间进行格式相互转换。

高手点拨

TIFF 格式支持带 Alpha 通道的 CMYK、RGB 和灰度文件，支持不带 Alpha 通道的 Lab、索引颜色和位图文件。

4. JPEG（*.jpg）

JPEG 格式是一种有损压缩格式。它支持真彩色，生成的文件较小，也是常用的图像格式。JPEG 格式支持CMYK、RGB 和灰度的颜色模式，但不支持 Alpha 通道。

高手点拨

在生成 JPEG 格式的文件时，可以通过设置压缩的类型，产生不同大小和质量的文件。压缩越大，图像文件就越小，相对的图像质量就越差。

5. GIF（*.gif）

GIF 格式的文件是 8bit 的图像文件，最多为 256 色，不支持 Alpha 通道，不能表现丰富的色彩变化。

高手点拨

GIF 格式产生的文件较小，常用于网络传输。GIF 格式与 JPEG 格式相比，优势在于 GIF 格式的文件可以保存动画效果。

6. PNG（*.png）

PNG 格式可以使用无损压缩的方式压缩文件，它支持 24 位图像，产生的透明背景没有锯齿边缘，可以产生质量较好的图像效果。PNG 格式的出现主要是用于替代 GIF 格式文件。

高手点拨

PNG 格式用来存储灰度图像时，灰度图像的深度可多达 16 位；存储彩色图像时，彩色图像的深度可多达 48 位，并且还可存储多达 16 位的 Alpha 通道数据。

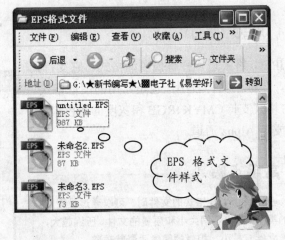

7. EPS（*.eps）

EPS 格式可以包含矢量和位图图形，被几乎所有的图像、示意图和页面排版程序所支持。它的最大优点在于可以在排版软件中以低分辨率预览，而在打印时以高分辨率输出。

高手点拨

EPS 不支持 Alpha 通道，但是可以支持裁切路径。EPS 格式支持 Photoshop 所有的颜色模式，并可以用来存储矢量图和位图。

8. PCX（*.pcx）

PCX 格式与 BMP 格式一样支持 1~24bit 的图像，并可以用 RLE 的压缩方式保存文件。

高手点拨

PCX 格式还可以支持 RGB、索引颜色、灰度和位图的颜色模式，缺点是不支持 Alpha 通道。

9. PDF（*.pdf）

PDF 格式文件可以存储多页信息，其中包含图形和文件的查找与导航功能。因此，使用该格式不需要排版即可获得图文混排的版面。

PDF 格式除支持 RGB、Lab、CMYK、索引颜色、灰度、位图的颜色模式外，还支持通道、图层等数据信息。

高手点拨

PDF 格式还支持 JPEG 和 ZIP 的压缩格式（位图颜色模式不支持 ZIP 压缩格式保存），用户可在保存的对话框中选择压缩方式，当选择 JPEG 压缩时，还可以选择不同的压缩比例来控制图像品质。

10. PICT（*.pct）

PICT 格式广泛用于 Macintosh 图形和页面排版程序中，是作为应用程序间传递文件的中间文件格式。PICT 格式支持带一个 Alpha 通道的 RGB 文件和不带 Alpha 通道的索引颜色、灰度、位图文件。

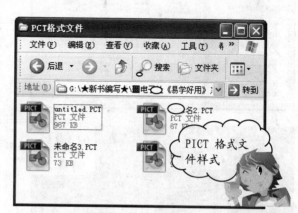

高手点拨

PICT 格式对于压缩大面积单色的图像非常有效。特别是对于具有大面积黑色和白色的 Alpha 通道，这种压缩的效果非常明显。

1.2　Photoshop CS4 的安装与启动

了解照片的相关知识后，下面就开始来学习 Photoshop CS4 软件的安装，包括在安装时需要注意的事项和安装的方法。

1.2.1　Photoshop CS4 的系统要求

在安装 Photoshop CS4 软件之前，首先来了解一下 Photoshop CS4 对系统的要求，如下表所示。

Photoshop CS4 的系统要求

软/硬件	具体要求
处理器	1.8GHz 或更快的处理器
内存	512MB（推荐 1GB）
硬盘空间	1GB 可用硬盘空间用于安装，安装过程中需要额外的可用空间
驱动器	DVD-ROM 驱动器
显卡	屏幕 1024×768（推荐 1280×800），16 位显卡
图形支持	某些 GPU 加速功能需要 Shader Model 3.0 和 OpenGL2.0 图形支持
辅助程序	需要 QuickTime 7.2 软件以实现多媒体功能，在线服务需要宽带 Internet 连接

1.2.2 安装 Photoshop CS4

　　安装 Photoshop CS4 程序可以通过安装向导来完成,根据安装提示进行逐步设置即可完成软件的安装,具体操作方法如下。

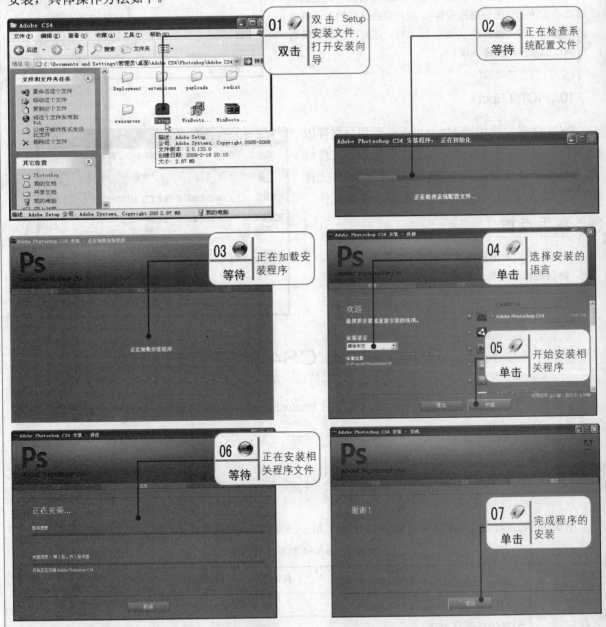

1.2.3 启动 Photoshop CS4

　　安装完成 Photoshop CS4 后,下面来学习一下如何启动 Photoshop CS4,启动方法常见的有 3 种,这里主要讲解从桌面图标启动,具体操作方法如下。

01 双击 双击桌面上的程序图标启动程序

02 等待 正在启动该程序

打开的 Photoshop CS4 界面

高手点拨

启动 Photoshop CS4 除了以上这种方式外还有以下两种方法：

第一种：选择"开始" > "程序" > "Adobe Photoshop CS 4"命令。

第二种：在磁盘中双击后缀名为.psd 的文件。

1.3 Photoshop CS4 的工作界面

Photoshop CS4 在界面、操作上与以前版本相比做了很大的改进，使得软件更加人性化，这也是软件进步的一个表现。下面就来看一下 Photoshop CS4 的工作界面。

工具栏

菜单栏

工具箱

状态栏

属性栏

控制面板

图像窗口

1.3.1　菜单栏

Photoshop CS4 的菜单栏位于工作界面的上方，主要是为了方便用户的操作，其中放置了软件操作的相关功能命令。

在菜单栏的 11 个菜单中，整合了 Photoshop 中的所有功能命令，通过这些菜单命令，可以完成诸如文件的开启、保存，图像大小设置，图像颜色调整，选区的变化，滤镜的运用，工作界面设置等操作，菜单命令后面还显示了相关操作的快捷方式。

1.3.2　工具箱和工具栏

在工具箱中，不但放置了 Photoshop CS4 的所有工具，还能在此进行前景色和背景色的设置，在快速蒙版模式与标准模式之间切换，设置文档的屏幕显示模式，以及快速地转换至 ImageReady 中。

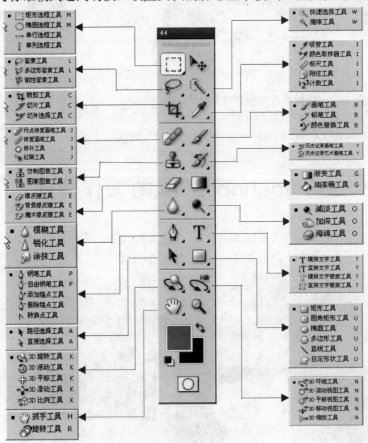

高手点拨

　　在 Photoshop CS4 工作界面的上方，新增了工具栏，将常用的工具放到工具栏中，包括缩放工具、抓手工具、旋转工具、显示网格标尺、屏幕模式等。

1.3.3 属性栏和状态栏

　　属性栏主要用于设置所选择的工具，在工具箱中单击相应的工具按钮后，将会出现与之相关的属性栏，可以在属性栏中设置参数用于控制选择工具的使用属性。下图分别为选择"矩形选框工具"和"吸管工具"的属性栏。

　　在状态栏中，显示的是目前正在编辑图像的状态。在这里可以调整图像的显示比例，预览打印区域等。状态栏位于图像窗口的底部，图像窗口左下方的百分值，用于显示当前图像窗口的显示大小，拖动其右边的滚动条，可根据用户需要设置显示内容。

1.3.4 控制面板

　　控制面板在 Photoshop CS4 中会经常用到，它位于工作界面的右侧，如下图所示。

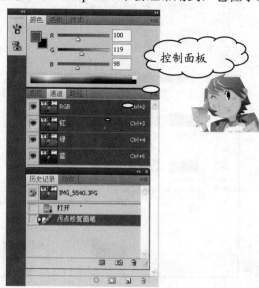

高手点拨

　　通过控制面板组，可以完成对图层、通道、路径的操作，以及实现视窗大小调整、图层样式应用、颜色设置等功能。

1.3.5 图像窗口

　　在 Photoshop CS4 中打开多个图像文件后，会以选项卡的方式来显示，因此还多出了一个多联下拉面板，它可以控制多个文件在窗口中的显示。拖动图像窗口的标签，就可以使其成为一个浮动窗口。

1.4 Photoshop 的基本操作

　　安装好 Photoshop CS4 软件并认识了工作界面，下面开始讲解 Photoshop CS4 的基本操作方法。内容主要包括打开与关闭图像文件、图像的缩放与显示、保存图像文件等，这些操作虽然简单，但却是使用 Photoshop 进行图像处理前，必须掌握的基础操作。

1.4.1 打开与关闭图像文件

1. 打开图像

在 Photoshop CS4 中打开图片的具体操作方法如下。

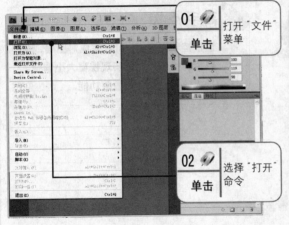
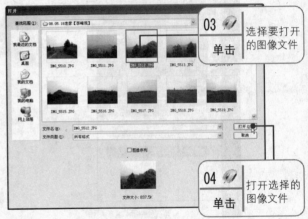

高手点拨

打开数码照片还可以通过双击图像区域进行打开，此操作读者可以自己尝试。

2. 关闭图像

在 Photoshop CS4 中关闭图像的具体操作方法如下。

单击 单击图像标题中的"关闭"按钮

图像文件关闭后的效果

高手点拨

除了以上方法外，还可以通过 Alt+F4 快捷键来关闭图像。

<hr>

1.4.2 图像的缩放显示

为了方便图像的处理和查看，在 Photoshop CS4 中提供了图片的缩放功能。下面来看看图片缩放的具体操作方法。

高手点拨

对图像要进行放大显示，可以按 Ctrl ++快捷键；要对图像进行缩小显示，可以按 Ctrl+-快捷键。

高手点拨

在缩放工具的右键菜单中，还有 4 个命令，其含义如下。

● 选择"缩小"命令即可缩小照片。
● 选择"实际像素"命令即可按照图像实际大小显示。
● 选择"按屏幕大小缩放"命令即可按照图像窗口的大小进行显示。
● 选择"打印尺寸"命令即可按照图像打印的尺寸进行显示。

1.4.3　保存图像文件

在 Photoshop CS4 中要保存处理后的图像文件，其具体操作方法如下。

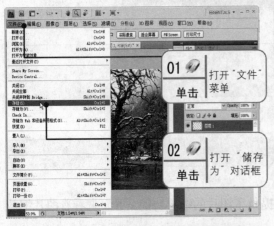
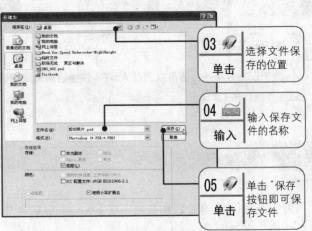

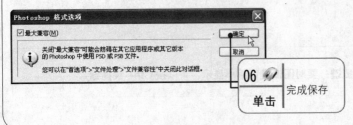

高手点拨

在保存文件时，可以按 Ctrl+S 快捷键来完成，初次保存会打开"存储为"对话框。

进阶提高 ——— 技能拓展内容

通过对前面基础入门知识的学习，相信初学者已经掌握了 Photoshop CS4 入门操作的相关基础知识。为了进一步提高用户操作软件的技能，下面介绍与本章内容相关的一些操作技巧。

技巧 01：控制面板的快捷操作

在 Photoshop CS4 中，控制面板会经常用到。为了操作更快，在使用过的面板被关闭后，会在控制面板的左侧出现其快捷按钮，具体操作方法如下。

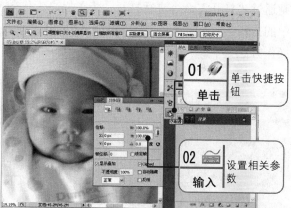

高手点拨

为了方便操作，经常会对控制面板进行改变位置、拆分、改变大小等操作，具体操作如下。

- 用鼠标拖曳面板的边线可调整面板的大小。
- 拖曳面板的标题栏到另一位置可以将面板从面板组中拆分出来，拖回面板组可还原。
- 拖动面板组或者某一面板的蓝色标题栏即可移动面板组或者面板。

技巧 02：显示与隐藏工具箱

使用 Photoshop CS4 的过程中，有时为了方便查看图像需要隐藏工具箱，具体操作方法如下。

高手点拨

　　隐藏工具箱后，再次在"窗口"菜单中选择"Tools"命令，即可恢复工具箱的显示。默认情况下，工具箱呈单排显示，单击工具箱上方的 ▶▶ 按钮，即可使工具箱中的工具呈双排并列显示。也可以反复按 Tab 键来显示或隐藏工具箱和面板。

技巧 03：照片的快速导入

　　要在 Photoshop CS4 中处理照片，首先就要打开需要处理的照片。打开照片的方法也很多，一般是通过"打开"命令进行打开。为了提高工作效率，还提供了两种快速将照片导入到 Photoshop CS4 中的方法：一种是双击照片进行打开；另一种就是下面讲到的将照片拖至图像窗口进行打开，具体操作方法如下。

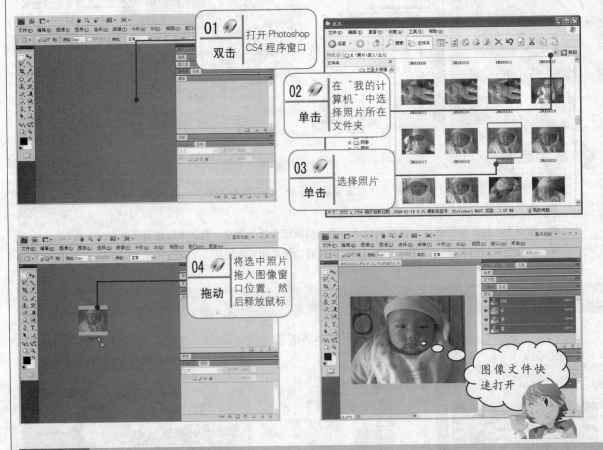

技巧 04：修改照片颜色模式

　　为了满足照片的处理和打印需求，可更改图像的颜色模式，以达到最佳的打印效果。下面以将照片的颜色模式转换为 **CMYK** 模式为例进行讲解，其具体操作方法如下。

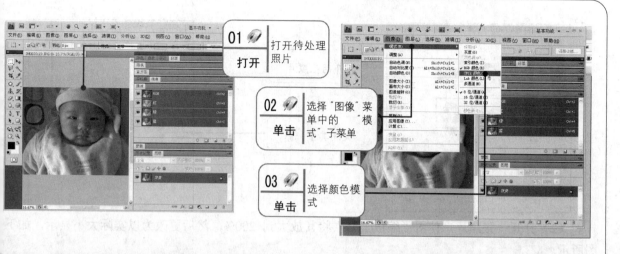

技巧 05: 照片文件存储格式的选择

　　为了满足用户对照片格式的需求，Photoshop CS4 提供了很多存储格式，那么怎样才能保存自己需要的格式呢？下面就来讲解照片保存格式的选择，具体操作方法如下。

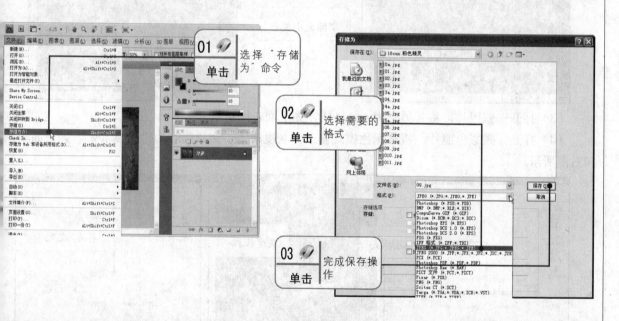

过关练习 —— 自我测试与实践

　　启动 Photoshop CS4，按要求完成以下练习题。

　　（1）打开两张照片，然后关闭其中一个照片文件，如下图所示。

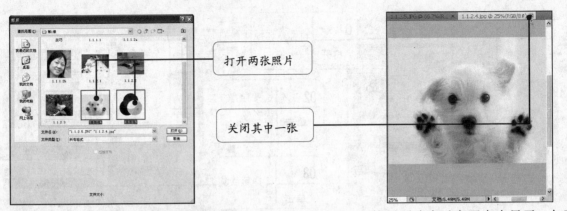

打开两张照片

关闭其中一张

（2）打开一张照片，使用"缩放工具"将其放大到 200%，然后更改为以实际大小显示，如下图所示。

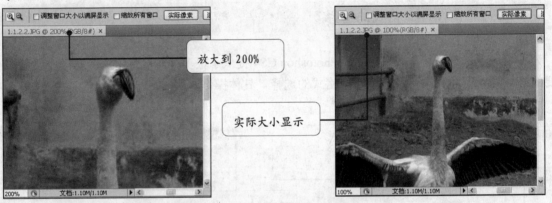

放大到 200%

实际大小显示

（3）打开一张照片，将其另存为.psd 格式，如下面左图所示。

（4）打开一张彩色照片，将其颜色模式修改为灰度模式，然后另存为"灰度.jpg"，如下面中图和右图所示。

选择 psd 格式

灰度模式

存为"灰度.jpg"

Chapter 02

Photoshop 在数码照片处理中的应用

高手指引

平时就非常喜好使用 Photoshop 进行图像处理，所以丫丫利用业余时间在一所计算机学校学习，但她平时工作太忙，上完课后没有多余时间实际操作，有些内容容易忘记。今天老师布置的作业是对一些数码照片进行简单处理。上班时，她一有空就琢磨起如何处理照片，老王看见了，便和她聊了起来。

丫丫，在想什么呀？这么入神。

哦，老王啊，我在想怎么处理数码照片呢。

要处理成什么效果？

使用 Photoshop 的图层样式、蒙版、选区等，将照片处理出一些特殊的效果。

哦，那首先得了解这些功能的基本使用方法，让我给你讲讲吧！

Photoshop 在数码照片处理中的应用包括很多方面的内容。比如图层样式、通道、蒙版的应用和选区的创建及编辑等。这些内容即是 Photoshop 中最常用且必不可少的，这些看似操作简单，但运用范围却是非常广泛和灵活。正因为有了这些功能，Photoshop 才变得多姿多彩。

学习要点

- ◆ 图层样式在数码照片处理中的应用
- ◆ 通道在数码照片处理中的应用
- ◆ 蒙版在数码照片处理中的应用
- ◆ 数码照片处理中选区的创建与编辑

基础入门 ——— 必知必会知识

2.1　图层样式在数码照片处理中的应用

在数码照片中设置图层样式与在其他图形中设置的方法差不多，运用图层样式可以使数码照片达到一定的特殊效果。图层样式的应用主要有两种情况：一是创建新样式；二是利用已有图层样式来套用。

2.1.1　建立新样式

图层样式主要分为混合选项的调整，设置图层的投影、内阴影、外发光、内发光、斜面和浮雕、光泽、颜色叠加、渐变叠加、图案叠加、描边等效果。

1. 混合选项的调整

一般情况下，在混合选项中主要调整混合图层的不透明度及填充不透明度，具体操作方法如下。

01 启动 Photoshop CS4，按 Ctrl+O 快捷键，打开"打开"对话框。

高手点拨

一般图像文件的背景图层都是处于锁定状态的，如果需要调整该图层内容或是编辑该图层内容则需要解除图层的锁定。解除锁定除了双击图层的缩略图外，还可以定位于背景图层上右击，在打开的菜单中选择"背景图层"命令，也可以打开"新建图层"对话框。

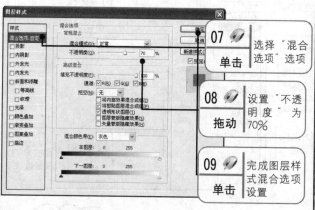

该效果即是图层的"不透明度"设为80%的效果

07 单击 选择"混合选项"选项

08 拖动 设置"不透明度"为70%

09 单击 完成图层样式混合选项设置

高手点拨

图层样式中"混合选项"选项中的"常规选项"下的"不透明度"即为图层的不透明度，该透明度为 0 时，即该图层的所有内容都看见。

图层样式中"混合选项"选项中的"高级混合"下的"填充不透明度"即是该图层中的图形填充对象的不透明度，该透明度为 0 时，即该图层所有填充颜色都看见，但轮廓还存在。

在该选项中还有一个挖空的选择设置，挖空效果有三个选择。一是无，即是没有挖空效果；二是浅，则挖空浅色；三是深，即是挖空深色。

在该选项中还有其他设置，都可适当选择查看效果，根据效果变化来适当设置它们。

2. 投影和内阴影的设置

为图形或文字等添加投影效果，可使其具有立体感。如常在购物网上可看到白色背景的商品图片，这些就是为产品拍照后，将其背景处理成白色，然后添加投影的效果，具体操作方法如下。

01 启动 Photoshop CS4，按 Ctrl+O 快捷键打开"打开"对话框，选择合适的照片文件。

04 单击 设置默认前景色和背景色

03 单击 选择背景图层

02 拖动 将"背景"图层拖到"新建图层"按钮上

06 单击 选择"背景副本"图层

05 按下 按 Ctrl+Delete 快捷键将"背景"图层填充为白色

07 按 Ctrl+T 快捷键打开自由变换调节框，将鼠标指针移到照片左上角。

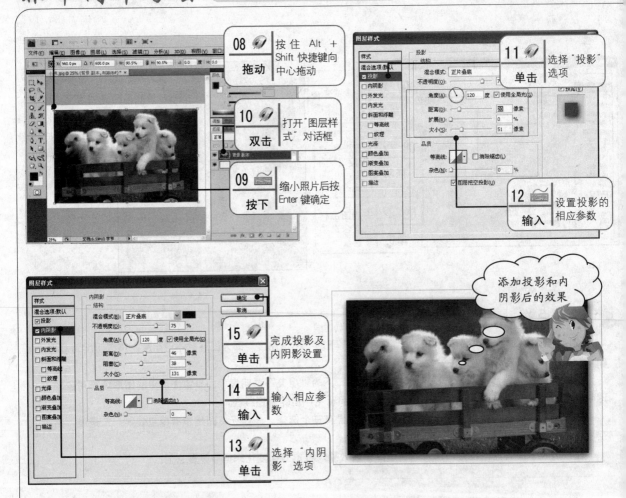

3. 外发光和内发光的设置

这里以给一幅小女孩照片添加外发光和内发光效果为例，其具体操作方法如下。

01 🖱️⌨️　在 Photoshop CS4 的窗口中，按 Ctrl+O 快捷键打开"打开"对话框，选择一幅照片。

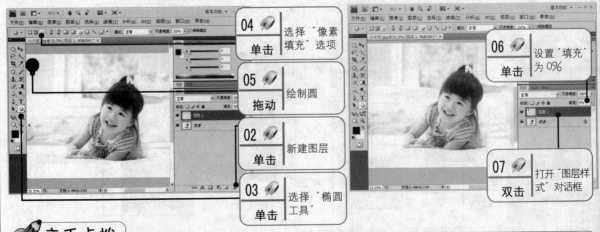

高手点拨

调整"填充"为0%后，圆变得透明不可见。

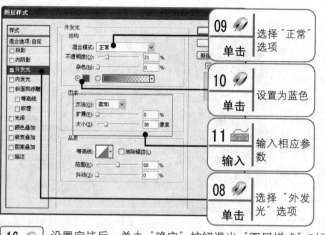

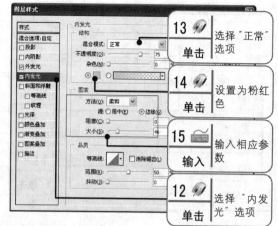

09 单击　选择"正常"选项

10 单击　设置为蓝色

11 输入　输入相应参数

08 单击　选择"外发光"选项

13 单击　选择"正常"选项

14 单击　设置为粉红色

15 输入　输入相应参数

12 单击　选择"内发光"选项

16 设置完毕后，单击"确定"按钮退出"图层样式"对话框。

17 按住 Alt 键拖动复制该圆，按 Ctrl+T 快捷键打开自由变换调节框，调整圆的大小。按照相同的方法复制更多的圆。

设置外发光和内发光后的效果

复制圆后的效果

4. 斜面和浮雕的设置

"斜面和浮雕"图层样式主要是对图形及文字设置斜面、浮雕等效果。在这里给照片添加文字并设置斜面和浮雕效果，具体操作方法如下。

01 启动 Photoshop CS4，按 Ctrl+O 快捷键打开素材文件。

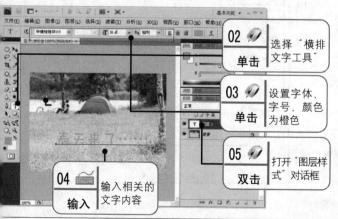

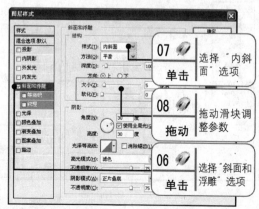

02 单击　选择"横排文字工具"

03 单击　设置字体、字号，颜色为橙色

05 双击　打开"图层样式"对话框

04 输入　输入相关的文字内容

07 单击　选择"内斜面"选项

08 拖动　拖动滑块调整参数

06 单击　选择"斜面和浮雕"选项

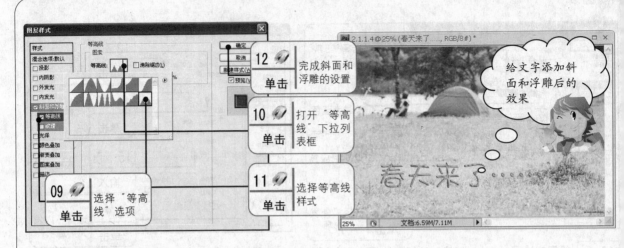

5. 其他样式的设置

余下的选项包括光泽、颜色叠加、渐变叠加、图案叠加和描边，其设置方式基本相同，并且各选项之间都有内在联系，要同时进行适当设置才可达到所需效果。在这里给照片添加一个边框，具体操作方法如下。

01 启动 Photoshop CS4，按 Ctrl+O 快捷键打开素材文件。

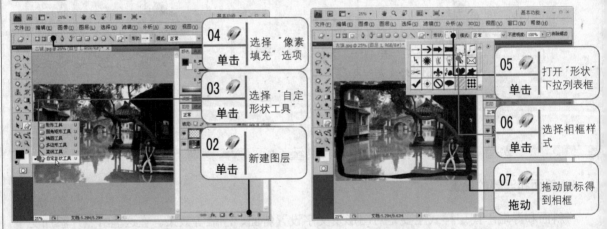

08 双击"图层 1"图层，打开"图层样式"对话框。

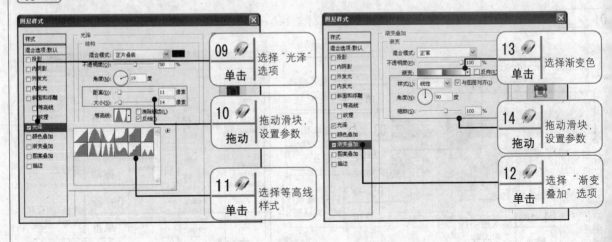

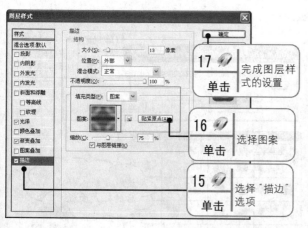

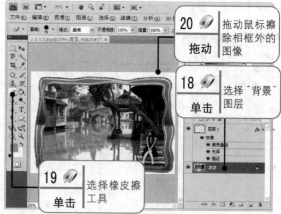

17 单击 — 完成图层样式的设置

16 单击 — 选择图案

15 单击 — 选择"描边"选项

20 拖动 — 拖动鼠标擦除相框外的图像

18 单击 — 选择"背景"图层

19 单击 — 选择橡皮擦工具

高手点拨

　　"渐变叠加"、"颜色叠加"、"图案叠加"这 3 个选项都有不透明度的调整，如果这 3 个选项中的某一个不透明度值设置为 100%，那么其余 2 个选项的叠加颜色或图案是无法看到的，这个在调整时需要注意。

　　图层样式设置完成后，可以把调整好的图层样式保存起来，以后再需要相同样式时，则可直接套用，具体操作方法如下。

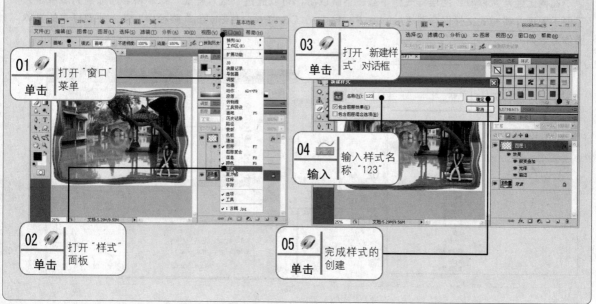

01 单击 — 打开"窗口"菜单

02 单击 — 打开"样式"面板

03 单击 — 打开"新建样式"对话框

04 输入 — 输入样式名称"123"

05 单击 — 完成样式的创建

2.1.2　载入已有图层样式

　　图层样式除了可以新建外，软件本身还会自带很多样式。但用户平时看到的样式只有几种，其他样式只是没有加载到面板中。所以用户只要把那些样式加载到面板中即可套用，其具体操作方法如下。

01 🖱 单击"窗口">"样式"命令，打开"样式"面板。

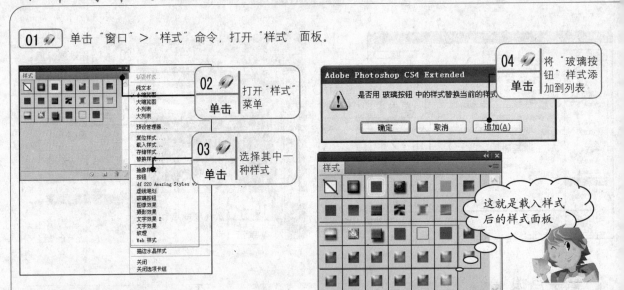

02 🖱 单击｜打开"样式"菜单

03 🖱 单击｜选择其中一种样式

04 🖱 单击｜将"玻璃按钮"样式添加到列表

这就是载入样式后的样式面板

高手点拨

　　在网上经常可以看到图层样式供下载，下载以后，可以通过"载入样式"命令将其添加到列表中。为了便于管理，将样式文件保存到"Adobe Photoshop CS4\Presets\Styles"路径中，载入外部样式的具体操作方法如下。

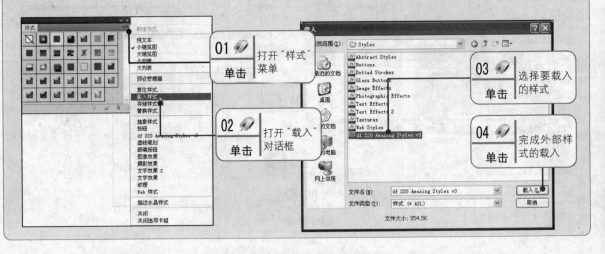

01 🖱 单击｜打开"样式"菜单

02 🖱 单击｜打开"载入"对话框

03 🖱 单击｜选择要载入的样式

04 🖱 单击｜完成外部样式的载入

2.2　通道、蒙版在数码照片处理中的应用

　　通道与蒙版可以说是 Photoshop 中最重要的两个部分。听到很多读者说学习 Photoshop 有 3 大难关，一是通道；二是蒙版；三是滤镜。那通道和蒙版真的就有那么难吗？其实只要理解了通道与蒙版的基本概念及使用方法，这两个难关也就不存在了。

2.2.1　通道的操作

通道用于保存和处理颜色信息，也为图像选区的建立提供了更加灵活的方法，在通道中建立的图形可以随时调出进行编辑或修改。如果图像含有多个图层，则每个图层都有自身的一套颜色通道。

在 Photoshop 中有 3 种通道：颜色通道、Alpha 通道和专色通道。颜色通道是不可缺少的，而后面两种通道可以根据需要来创建。使用"通道"通板可以创建并管理通道，以及监视编辑效果。该面板列出了图像中的所有通道，首先是复合通道（对于 RGB、CMYK 和 Lab 图像），然后是单个颜色通道，专色通道，最后是 Alpha 通道。通道内容的缩览图显示在通道名称的左侧，缩览图在编辑通道时会自动更新。

1. 通道的基本操作

一般打开新图像时，会自动创建相应的颜色通道，以及一个用于编辑图像的复合通道，但它是一个虚通道，任意删除一个颜色通道它就会消失，查看通道的具体方法如下。

01 在 Photoshop CS4 中打开一张照片。

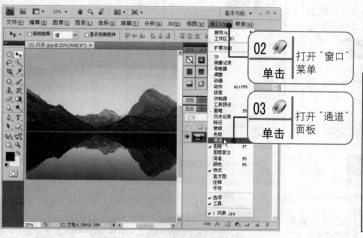

❶ RGB 颜色模式下的复合通道。调整其他颜色通道时，复合通道的效果会随着变化。复合通道效果则是颜色通道的一个综合效果。

❷ 颜色通道。RGB 颜色模式下有 3 个颜色通道，分别为红、绿、蓝。调整红色通道时，图像只有红色颜色组有所改变，进而影响复合通道的效果。调整绿色通道时，图像只有绿色颜色组会改变，进而影响复合通道的效果。调整蓝色通道时，图像则只有蓝色颜色组会改变。

❸ "将通道作为选区载入"命令按钮，主要是把所选通道的颜色组作为选区载入到图像中。

❹ "将选区存为通道"命令按钮，主要是把选区作为通道存储起来，方便以后再用的时候可以直接调出选区。将选区存为通道后即是 Alpha 通道。

❺ "创建新通道"命令按钮，主要是创建一个新的通道，该通道也是属于 Alpha 通道。

❻ "删除当前通道"命令按钮，主要是删除当前所选的通道。删除 Alpha 通道的时候对复合通道没有任何影响，删除任意颜色通道，则复合通道就不存在了。删除专色通道对复合通道也没有任何影响。

高手点拨

　　一个图像最多可包含 24 个通道，包括所有的颜色通道和 Alpha 通道。随着通道的增加，文件的大小也会增加。

　　只有用支持图像颜色模式的格式来存储文件才能保留颜色通道。在 Photoshop 中以 PSD、PDF、PICT、TIFF 或 RAW 格式存储文件时，才会保留 Alpha 通道。

2. 新建专色通道

　　专色通道用来描述专色信息。为了更好地再现印刷品中的纯色信息，减少颜色误差；或为在印刷品上实现某些特殊变化，会在印刷 4 种原色之外加印其他专制颜色，即专色。专色通道的创建方法如下。

01 打开 Photoshop CS4 窗口，再打开一个图像文件。

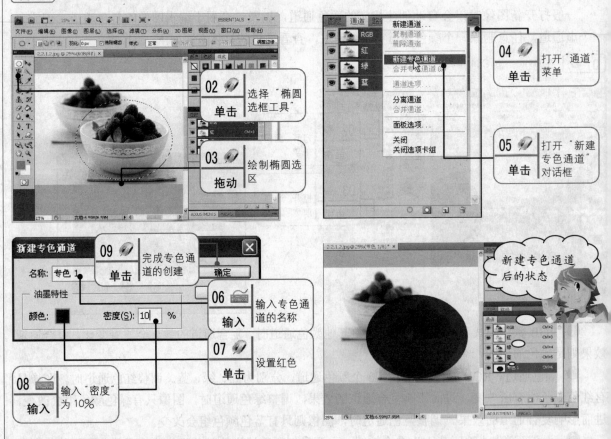

高手点拨

　　新建专色通道时，按住 Ctrl 键并单击"通道"面板下方的"新建"按钮 ⬚ 也可以弹出"新建专色通道"对话框。

3. 将 Alpha 通道转换为专色通道

　　专色通道除了可以新建外，还可以根据需要将已有的 Alpha 通道转换为专色通道，具体操作方法如下。

01 启动 Photoshop CS4 打开一个素材文件。

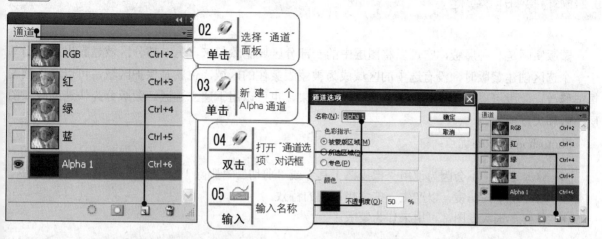

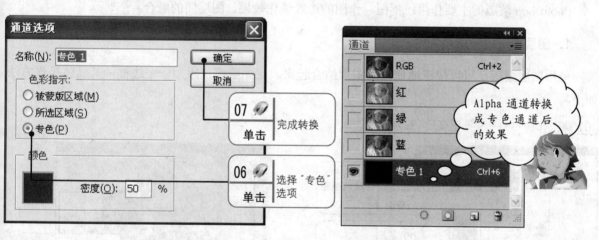

高手点拨

同样专色通道转换成其他通道的方法也是如此，并且可以根据需要来编辑专色通道，更改专色通道的颜色或密度，其操作方法如下。

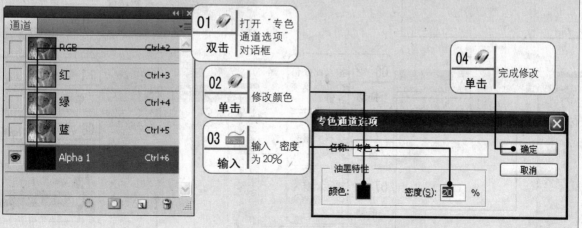

2.2.2 蒙版的操作

蒙版实际是一种屏蔽，它可以将图层中的一部分区域隐藏起来，另一部分区域显露出来。当基于一个选区创建蒙版时，没有选中的区域成为被蒙版蒙住的区域，也就是保护区域，可以防止被编辑或修改。蒙版可以用于实现特殊的图像编辑效果，也可以用于建立选区。蒙版分为快速蒙版、图层蒙版和矢量蒙版。

Photoshop 蒙版的优点：

● 修改方便，不会因为使用"橡皮擦工具"或"剪切"、"删除"命令而造成不可挽回的遗憾。
● 可运用不同滤镜，以产生一些意想不到的特效。
● 任何一张灰度图都可用来作为蒙版。

Photoshop 蒙版的主要作用：抠图、作图的边缘淡化效果、图层间的融合。

1. 图层蒙版的应用

使用图层蒙版，可以快速地使两张图片结合起来。比如给照片添加一个边框，其具体操作方法如下。

01 在 Photoshop CS4 中打开 "打开" 对话框。

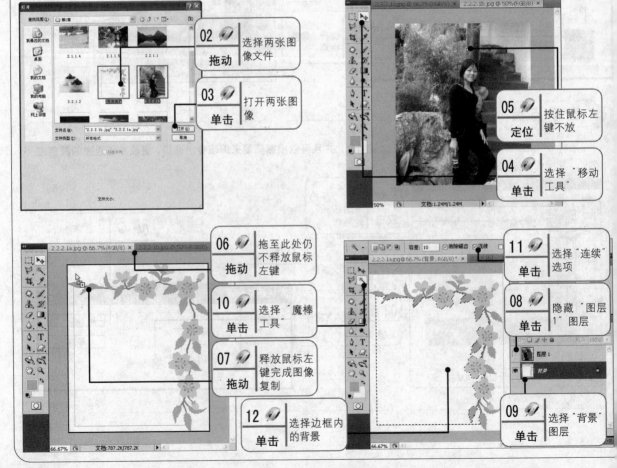

高手点拨

　　除了用以上方法把一个文件中的图像复制至另一个文件中，还可以运用快捷键。先选择需要复制的图像，按 Ctrl+C 快捷键复制，再选择目标文件，按 Ctrl+V 快捷键粘贴，自动生成一个新图层。

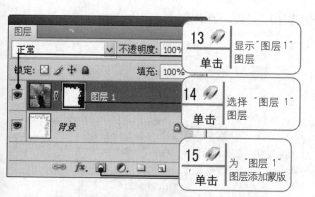

13 单击　显示"图层 1"图层

14 单击　选择"图层 1"图层

15 单击　为"图层 1"图层添加蒙版

添加图层蒙版后的效果

2. 快速蒙版的应用

　　快速蒙版可以快速创建选区，用画笔涂上黑色、白色或灰色，用选框工具创建选区再填充这 3 种颜色来达到抠图的目的。下面使用快速蒙版来将下图中的汽车抠出来，具体操作方法如下。

01 单击　选择"磁性套索工具"

02 拖动　沿汽车轮廓拖动鼠标

04 单击　选择"画笔工具"

05 单击　打开"画笔"设置面板

06 拖动　设置"硬度"为 100%

03 单击　切换到快速蒙版模式

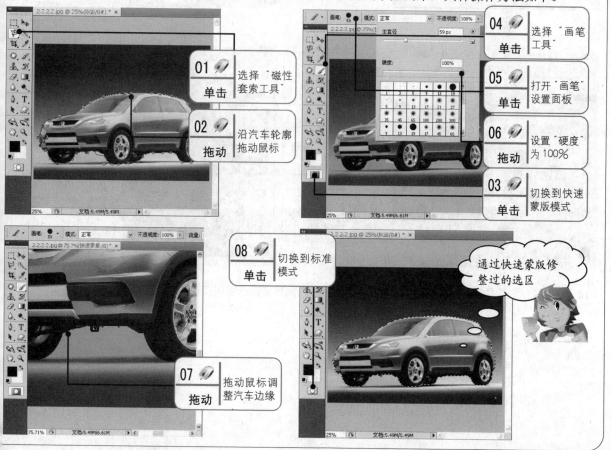

08 单击　切换到标准模式

07 拖动　拖动鼠标调整汽车边缘

通过快速蒙版修整过的选区

高手点拨

在快速蒙版下，使用画笔涂抹黑色表示隐藏图像；涂抹白色表示显示图像；涂抹灰色表示设置该位置的图像透明度。画笔的硬度越高，边缘越深；硬度越低，边缘越淡。

3. 使用"贴入"命令创建图层蒙版

使用"编辑"菜单下的"贴入"命令也可以创建图层蒙版，具体操作方法如下。

01 在 Photoshop CS4 中打开"打开"对话框。

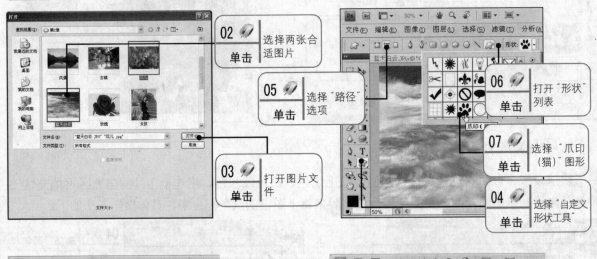

02 单击 选择两张合适图片

03 单击 打开图片文件

04 单击 选择"自定义形状工具"

05 单击 选择"路径"选项

06 单击 打开"形状"列表

07 单击 选择"爪印（猫）"图形

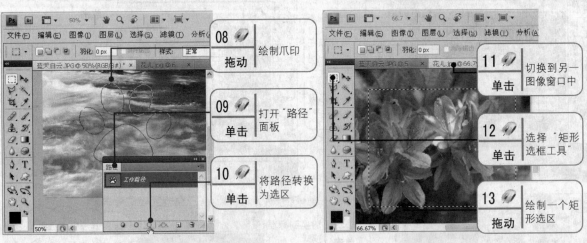

08 拖动 绘制爪印

09 单击 打开"路径"面板

10 单击 将路径转换为选区

11 单击 切换到另一图像窗口中

12 单击 选择"矩形选框工具"

13 拖动 绘制一个矩形选区

14 按 Ctrl+C 快捷键复制选区内图像，再单击另一个图像窗口标签切换到该窗口中。

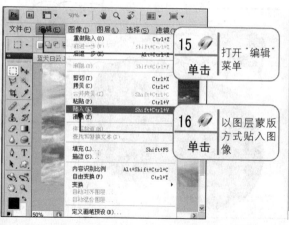

2.3 选区在数码照片处理中的应用

选区的应用非常广泛，复制局部图像时需要借助选区；填充一个图形，可以通过绘制选区后再填充；删除局部图像时也可以借助选区；处理局部图像效果时，也可以利用选区来完成。选区在创建后还可以进行相应的编辑及处理。

2.3.1 创建图像选区

创建选区的方法很多，包括利用工具和色彩范围等来创建选区。

1. 利用工具创建图像选区

创建选区的工具主要包括选框工具组、套索工具组中的工具和"魔棒工具"。运用这些工具及相关命令来套选图像，其具体操作方法如下。

01 在 Photoshop CS4 中按 Ctrl+O 快捷键打开图像文件。

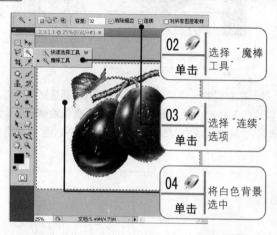

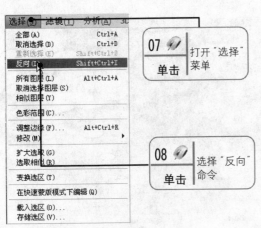

反向后，将背景外的图像选中

高手点拨

一般纯色背景的照片才使用"魔棒工具"。用该工具选取图像时，选出的图像可能不会刚刚好，则此时再运用选框工具组、套索工具组中的工具来减去不需要的部分，或增加需要的部分。这就需要平时多灵活运用。

在上面的实例中，如果没有选择"连续"选项，会将果实和树枝上面的高光部分选中，这就需要单击"从选区减去"按钮来去除多余选区，具体操作方法如下。

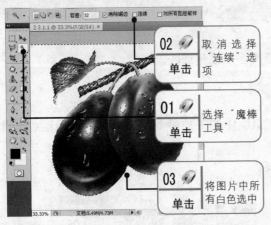

高手点拨

选框工具组、套索工具组中的工具和"魔棒工具"等，在它们的属性栏中都有着相同的"新选区"、"添加到选区"、"从选区减去"、"与选区相交" 4 个按钮。所以这些工具在运用上相同。"新选区"是指绘制一个全新的选区；"添加到选区"是指在原选区的基本上再添加选区；"从选区减去"是指从原选区中减去选区；"与选区相交"是指留下与原选区交叉的部分。

2．利用色彩范围创建选区

"色彩范围"主要是运用查找同一颜色或允许与该颜色偏差在一定范围的区域来创建选区，其具体的操作方法如下。

01 在 Photoshop CS4 中按 Ctrl+O 快捷键打开图像文件 "玫瑰.jpg"。

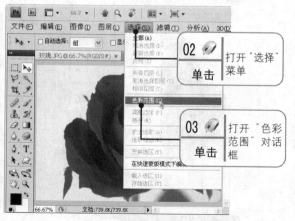

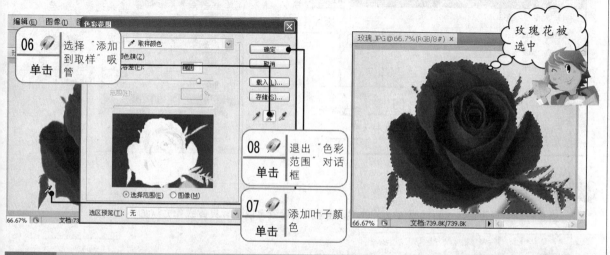

2.3.2　修改和存储图像选区

选区创建好后，可对创建选区进行适当的编辑与修改。比如扩大选区、变换选区、存储选区等。在这里，根据上面创建的选区来进行修改，具体操作方法如下。

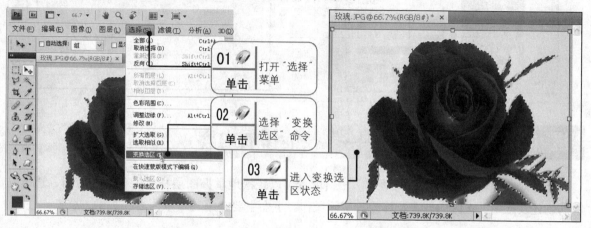

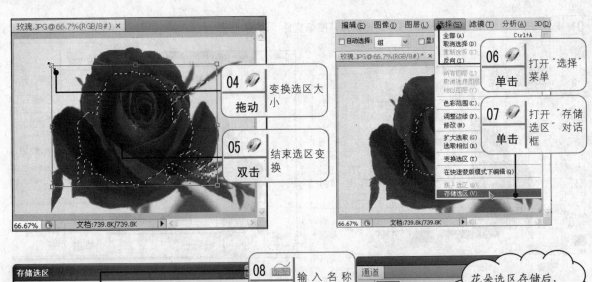

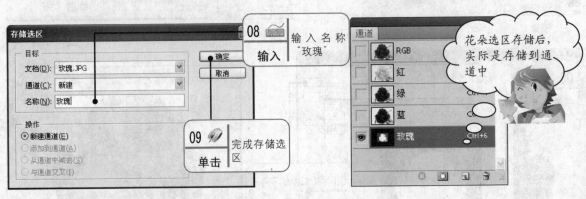

高手点拨

选择存储为通道后，当再需要该选区时，只要载入选区就可以了。具体操作方法如下。

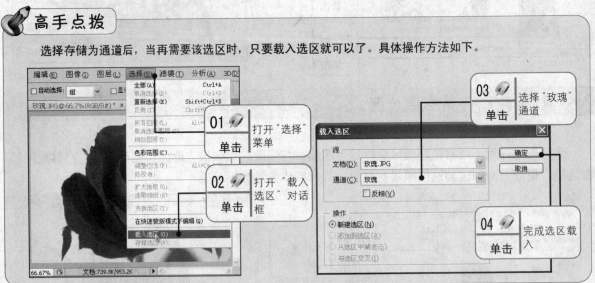

进阶提高 ——— 技能拓展内容

通过对前面基础入门知识的学习，相信读者可以轻松地掌握图层样式的创建及应用、通道与蒙版的创建及应用、选区的创建及修改等实际操作。下面主要介绍与本章内容相关的一些操作技巧。

技巧 01： 图层蒙版的应用

图层蒙版除了可以运用画笔涂抹黑、白、灰 3 种颜色来达到效果外，还可以运用渐变或是绘制选区后再填充黑、白、灰 3 种颜色等方法来达到淡化图像边缘和融合图像的效果，其具体的操作方法如下。

01 在 Photoshop CS4 中按 Ctrl+O 快捷键打开"打开"对话框。

02 拖动 — 选择两张图像文件

03 单击 — 打开两张图像

04 单击 — 选择其中一个图像窗口

05 单击 — 选择"矩形选框工具"

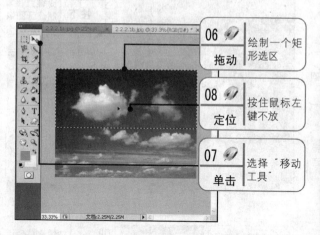

06 拖动 — 绘制一个矩形选区

08 定位 — 按住鼠标左键不放

07 单击 — 选择"移动工具"

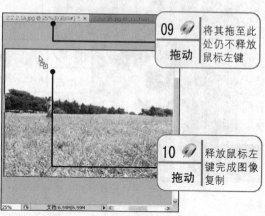

09 拖动 — 将其拖至此处仍不释放鼠标左键

10 拖动 — 释放鼠标左键完成图像复制

13 单击 — 单击"径向渐变"按钮

12 单击 — 右击选择"渐变工具"

11 单击 — 设置成默认前景色和背景色

15 拖动 — 为蒙版填充渐变色

14 单击 — 给"图层 1"图层添加图层蒙版

这就是使用图层蒙版融合图像的效果

高手点拨

选择"径向渐变"类型的目的主要是为了从右上角至左下角开始融合图像。而拖动渐变的半径取决于用户需要显示区域范围的大小。拖动之后，效果不理想可撤销一步再重新拖动直至效果满意为止。当然用户也可以试用其他类型的渐变观察效果，进而采用最合适的方式。

技巧 02：选区和图层样式综合运用

利用选区制作一个双圆环的效果，具体操作方法如下。

01 在 Photoshop CS4 中按 Ctrl+O 快捷键打开一张数码照片"小狗.jpg"。

02 单击　选择"椭圆选框工具"

03 拖动　按住 Shift 键绘制正圆选区

04 按下　按 Ctrl+J 快捷键直接复制选区图像

05 单击　按住 Ctrl 键并单击缩略图调出选区

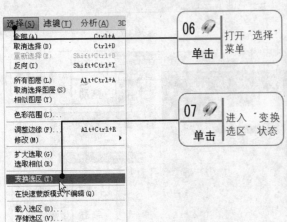

06 单击　打开"选择"菜单

07 单击　进入"变换选区"状态

08 拖动　按住 Alt+Shift 快捷键缩小选区

09 双击　完成变换选区

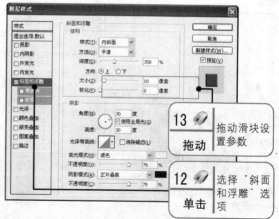

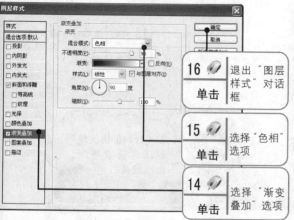

10 按下 按 Delete 键删除选区内图像

11 双击 打开"图层样式"对话框

13 拖动 拖动滑块设置参数

12 单击 选择"斜面和浮雕"选项

16 单击 退出"图层样式"对话框

15 单击 选择"色相"选项

14 单击 选择"渐变叠加"选项

这就是使用选区和图层样式制作的圆环效果

技巧 03：羽化照片

选区创建好后，一般边缘较硬，如果想柔化边缘，则只需羽化选区即可。这里制作一个信纸效果，具体操作方法如下。

01 在 Photoshop CS4 中按 Ctrl+O 快捷键打开"打开"对话框。

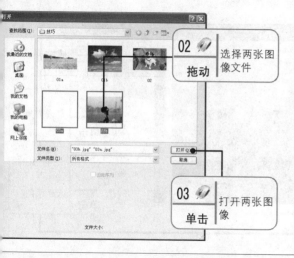

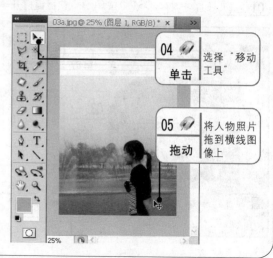

02 拖动 选择两张图像文件

03 单击 打开两张图像

04 单击 选择"移动工具"

05 拖动 将人物照片拖到横线图像上

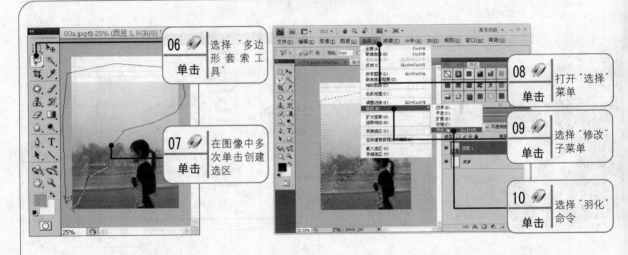

06 　选择"多边形套索工具"
单击

07 　在图像中多次单击创建选区
单击

08 　打开"选择"菜单
单击

09 　选择"修改"子菜单
单击

10 　选择"羽化"命令
单击

11 　输入羽化半径值
输入

12 　退出"羽化"对话框
单击

13 　按 Delete 键删除选区内图像
按下

按 Ctrl+D 快捷键取消选区后得到信纸效果

羽化选区

羽化半径(R)：50 像素

确定

取消

技巧 04： 利用选区描边照片

　　选区除了可以变换大小、羽化以外，还可以对其进行描边。在这里，给开屏的孔雀添加描边效果，其具体操作方法如下。

01 　在 Photoshop CS4 中按 Ctrl+O 快捷键打开一幅照片"女孩 4.jpg"。

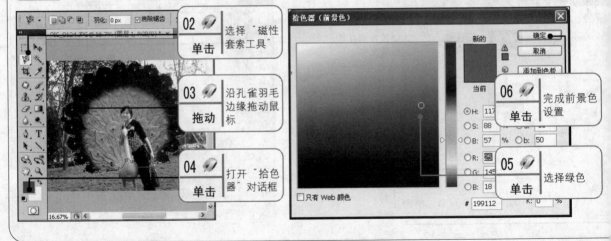

02 　选择"磁性套索工具"
单击

03 　沿孔雀羽毛边缘拖动鼠标
拖动

04 　打开"拾色器"对话框
单击

拾色器（前景色）

05 　选择绿色
单击

06 　完成前景色设置
单击

新的

当前

H: 117
S: 88
B: 57 ％

R: ？
G: 145
B: 18

确定

取消

添加到色板

□ 只有 Web 颜色

199112

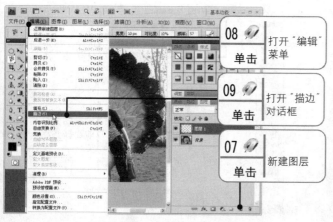

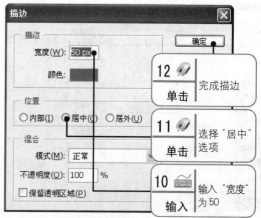

08 单击 | 打开"编辑"菜单

09 单击 | 打开"描边"对话框

07 单击 | 新建图层

12 单击 | 完成描边

11 单击 | 选择"居中"选项

10 输入 | 输入"宽度"为50

13 单击 | 选择"橡皮擦工具"

14 拖动 | 拖动鼠标擦除下面的描边

15 单击 | 选择"颜色减淡"选项

设置图层混合模式后的描边效果

技巧 05：利用选区制作花瓣

利用选区的编辑可以制作花瓣，具体操作方法如下。

01 输入 | 在 Photoshop CS4 中按 Ctrl+O 快捷键打开一张数码照片"宝宝.jpg"。

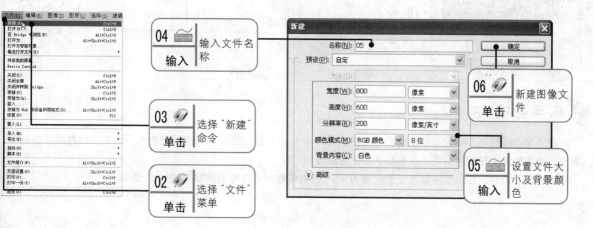

04 输入 | 输入文件名称

03 单击 | 选择"新建"命令

02 单击 | 选择"文件"菜单

06 单击 | 新建图像文件

05 输入 | 设置文件大小及背景颜色

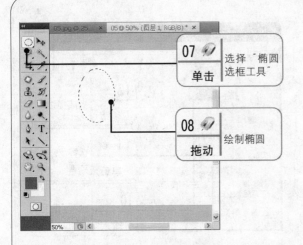

07 单击　选择"椭圆选框工具"

08 拖动　绘制椭圆

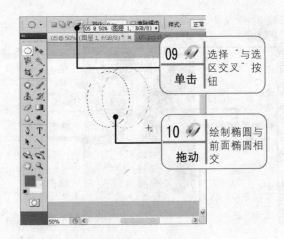

09 单击　选择"与选区交叉"按钮

10 拖动　绘制椭圆与前面椭圆相交

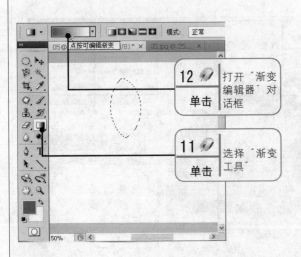

12 单击　打开"渐变编辑器"对话框

11 单击　选择"渐变工具"

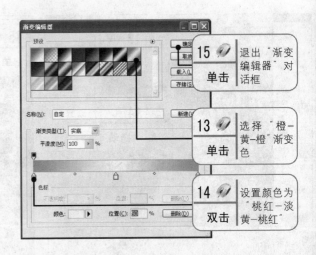

15 单击　退出"渐变编辑器"对话框

13 单击　选择"橙-黄-橙"渐变色

14 双击　设置颜色为"桃红-淡黄-桃红"

16 单击　新建图层

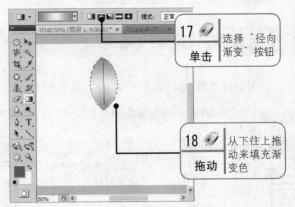

17 单击　选择"径向渐变"按钮

18 拖动　从下往上拖动来填充渐变色

高手点拨

　　在"渐变编辑器"中设置渐变色，首先应选择一种渐变方案，然后再双击渐变色条下部的色标对颜色进行更改，渐变色条上部的色标用于调整颜色的不透明度。

　　填充渐变色时，如果要限制渐变的角度为45°或其倍数，可在拖曳鼠标时按住 Shift 键。

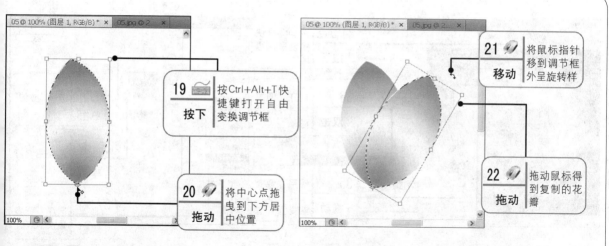

19 　按下　按Ctrl+Alt+T快捷键打开自由变换调节框

20 　拖动　将中心点拖曳到下方居中位置

21 　移动　将鼠标指针移到调节框外呈旋转样

22 　拖动　拖动鼠标得到复制的花瓣

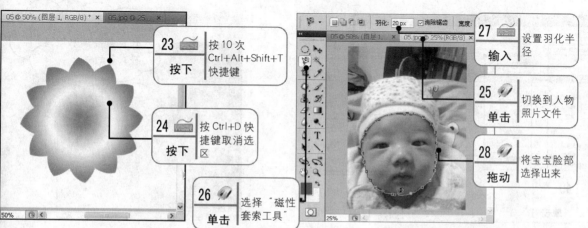

23 　按下　按10次 Ctrl+Alt+Shift+T 快捷键

24 　按下　按 Ctrl+D 快捷键取消选区

26 　单击　选择"磁性套索工具"

27 　输入　设置羽化半径

25 　单击　切换到人物照片文件

28 　拖动　将宝宝脸部选择出来

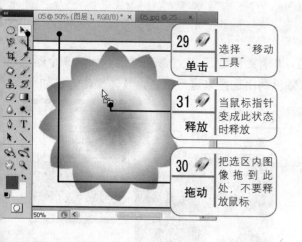

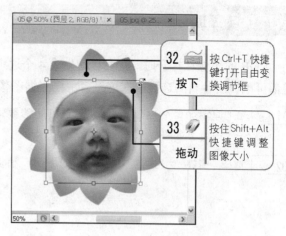

29 　单击　选择"移动工具"

31 　释放　当鼠标指针变成此状态时释放

30 　拖动　把选区内图像拖到此处，不要释放鼠标

32 　按下　按 Ctrl+T 快捷键打开自由变换调节框

33 　拖动　按住Shift+Alt快捷键调整图像大小

🖊 高手点拨

　　在本例中，先按 Ctrl+Alt+T 快捷键，是为了在旋转图像的同时复制一个图像，旋转完毕后，必需按 Enter 键确认变换，然后按住 Ctrl+Shift+Alt 组合键后，多次按 T 键，便可以等距离等比例复制图像了。

　　中心点的位置不同，得到的图像效果也不同。

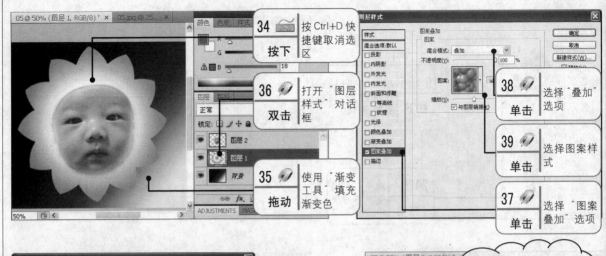

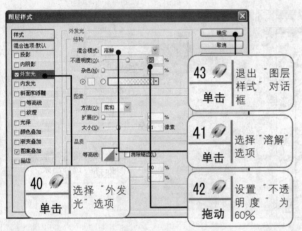

这就是使用选区制作花瓣并添加图层样式后的效果

技巧06：通道与选区的转换

RGB 的图像在打开时，就会自动生成 4 个通道，1 个复合通道，3 个颜色通道，而这 3 个颜色通道都可以调出各自的选区。在这里，主要根据图像颜色调出选区来进行校正，具体操作方法如下。

| 01 | 在 Photoshop CS4 中按 Ctrl+O 快捷键打开一张数码照片"女孩 2.jpg"。 |

| 02 | 选择"窗口">"通道"命令，打开"通道"面板。 |

| 03　单击 | 按住 Ctrl 键单击"绿"通道 |

高手点拨

调出"绿色"通道选区后，可按 Ctrl+J 快捷键复制图像至新图层，再调出"亮度/对比度"对话框，适当调整亮度，使图像效果更佳。根据图像效果的需要，"红"、"蓝"通道都可以按照相同方法调出其选区，然后再对其进行相应的编辑，即可达到校正图像的目的。如果选区存储为通道，再调出该选区时，除按 Ctrl 键并单击通道的方法外，还可以通过单击"将通道作为选区载入"按钮的方式。

技巧 07：利用通道抠取图像

　　一般图像利用工具及色彩范围等方式就可以进行选取，而有些图像却无法选取，比如人物头发的选择。而通道抠图则可以解决这一难题，利用通道抠取图像的具体操作方法如下。

01 在 Photoshop CS4 中按 Ctrl+O 快捷键打开数码照片 "黑白照片.jpg"。

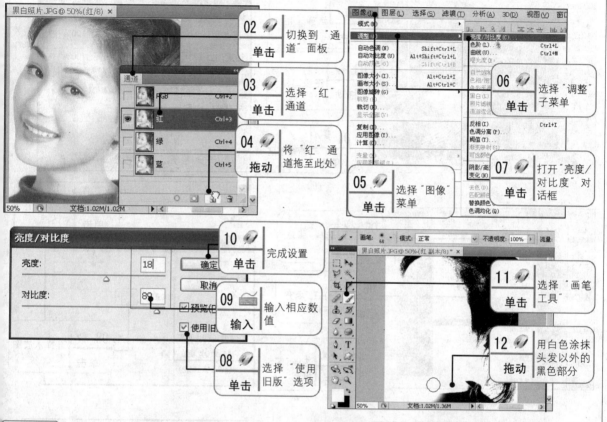

02 单击　切换到"通道"面板

03 单击　选择"红"通道

04 拖动　将"红"通道拖至此处

05 单击　选择"图像"菜单

06 单击　选择"调整"子菜单

07 单击　打开"亮度/对比度"对话框

10 单击　完成设置

09 输入　输入相应数值

08 单击　选择"使用旧版"选项

11 单击　选择"画笔工具"

12 拖动　用白色涂抹头发以外的黑色部分

13 按住 Ctrl 键，再单击"红 副本"通道，调出该通道选区。

14 单击　选择"选择"子菜单

15 单击　反向选择，选取头发

利用通道可以简单地选取头发

高手点拨

　　复制颜色通道后，再利用"亮度/对比度"命令使头发与其他部位颜色的反差增大。再利用"画笔工具"适当涂抹掉不需要的部分，那剩下的就是需要抠出的部分。通过通道选取的区域是白色部分，因此需要反向选择。

技巧 08：给照片添加相框

给照片添加相框主要利用选区及图层样式的运用，其具体操作方法如下。

01 　在 Photoshop CS4 中按 Ctrl+O 快捷键打开数码照片 "女孩 5.jpg"。

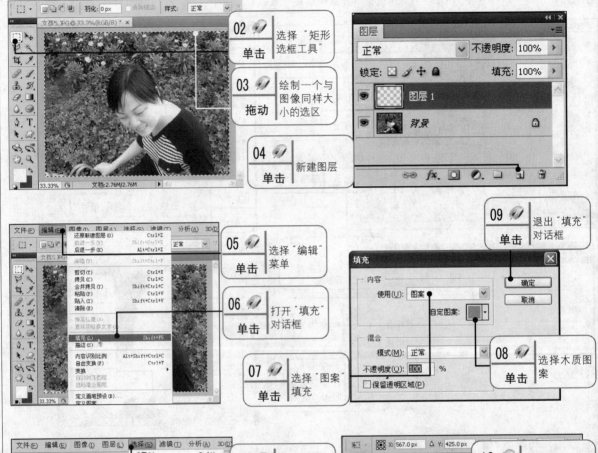

02 单击　选择"矩形选框工具"

03 拖动　绘制一个与图像同样大小的选区

04 单击　新建图层

05 单击　选择"编辑"菜单

06 单击　打开"填充"对话框

07 单击　选择"图案"填充

08 单击　选择木质图案

09 单击　退出"填充"对话框

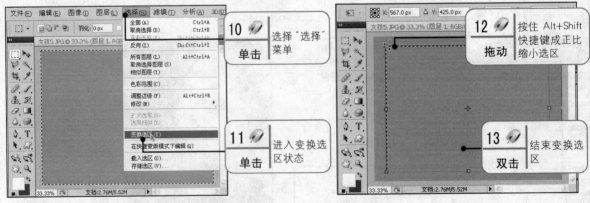

10 单击　选择"选择"菜单

11 单击　进入变换选区状态

12 拖动　按住 Alt+Shift 快捷键成正比缩小选区

13 双击　结束变换选区

14 　按 Ctrl+D 快捷键取消选区，再按 Delete 键删除选区内图像。

15 　双击"图层 1"图层，打开"图层样式"对话框。

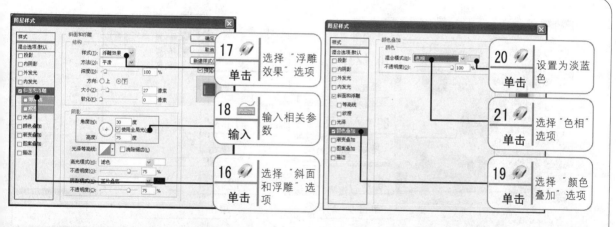

技巧 09：给照片制作水珠效果

给照片上的绿叶添加水珠效果，该效果主要通过选区、图层样式及"橡皮擦工具"来完成，其具体的操作方法如下。

01　在 Photoshop CS4 中按 Ctrl+O 快捷键打开数码照片"粉红的花.jpg"。

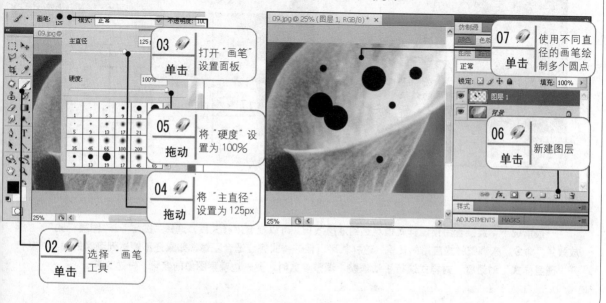

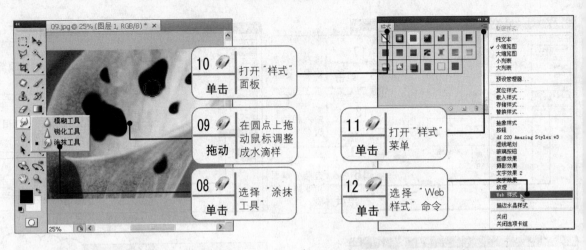

10 单击　打开"样式"面板

09 拖动　在圆点上拖动鼠标调整成水滴样

08 单击　选择"涂抹工具"

11 单击　打开"样式"菜单

12 单击　选择"Web样式"命令

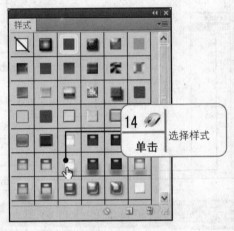

13 单击　将 Web 样式追加到样式列表中

14 单击　选择样式

Adobe Photoshop CS4 Extended

是否用 Web 样式 中的样式替换当前的样式？

确定　取消　追加(A)

添加预设样式后的效果

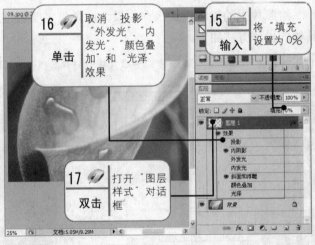

16 单击　取消"投影"、"外发光"、"内发光"、"颜色叠加"和"光泽"效果

15 输入　将"填充"设置为 0%

17 双击　打开"图层样式"对话框

高手点拨

　　一般情况下，直接套用预设样式很难达到理想效果。可以在套用样式后，选择"图层" > "图层样式" > "缩放效果"命令，来调整样式应用的比例，这样就可以使该样式完全适合图像。如果还不能达到满意的效果，就打开"图层样式"对话框，对样式进行手动调整，调整参数时，要一边观察图像的变化，一边调整。

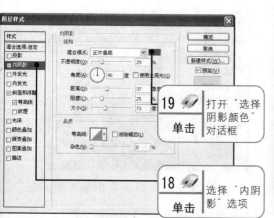

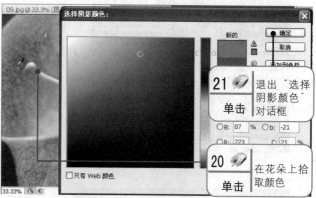

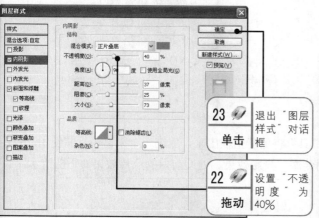

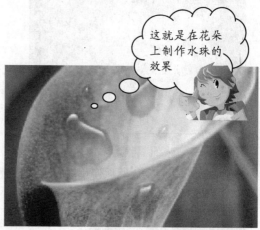

过 关 练 习 —— **自我测试与实践**

通过对前面内容的学习，按要求完成以下练习题。

（1）打开一张风景照片，在照片上输入文字，并利用图层样式为文字添加投影和描边效果。处理前后的对比效果如下图所示。

（2）打开一张人物照片，利用"渐变工具"和图层样式制作装饰纽扣。

（3）打开一张数码照片，使用图层蒙版给照片添加相框，处理前后的照片效果如下图所示。

（4）打开一张葡萄照片，使用"磁性套索工具"将葡萄抠取出来，放进一个果盘中，并使用"自由变换"命令调整其角度，然后使用图层样式给葡萄添加投影效果。处理前后的照片效果如下图所示。

（5）打开一张蓝天白云的照片，利用通道将白云抠取出来，然后复制到一幅人物照片中。处理前后的照片效果如下图所示。

Chapter 03

数码照片色彩与色调调整

高手指引

　　丫丫跟随旅游团去九寨沟游玩了几天，九寨沟的美丽风光让她兴奋不已，拍摄了不少照片。但在数码相机上看着还挺好的照片，复制到计算机上就觉得色彩不够好，于是她就想用 Photoshop 好好调整一下。但她对自己的水平实在没有信心，怕自己把这些美丽的画面给破坏了，于是她想到了老王，马上拨通了老王的电话。

 喂，老王，我是丫丫。

 哦，丫丫啊，你从九寨沟回来啦？把照片给我看看啊。

 老王，你来我家吧，照片颜色不太好，我想让您教我调整照片的色彩。

 嗯，没问题，我马上就出发！

 谢谢您，我在家等您。

　　在 Photoshop 中把不同颜色的组织方式称为颜色模式，颜色模式不但用于确定图像中显示的颜色数量，而且还影响通道的数量和图像文件的大小。Photoshop 的颜色模式以建立好的用于描述和重现色彩的模型为基础，常见的模型包括 HSB（色相、饱和度、亮度）；RGB（红色、绿色、蓝色）；CMYK（青色、洋红、黄色、黑色）。

学习要点

- ◆ 色彩与色调的基本操作
- ◆ 颜色模式的转换
- ◆ 照片色调的调整
- ◆ 照片色彩的调整

基础入门 ── 必知必会知识

3.1　色彩与色调的基本操作

在对数码照片进行色彩与色调调整前，首先要掌握最基本的操作。色彩与色调的基本操作主要包括颜色模式的转换，利用直方图查看图像每个亮度色阶处的像素数目。

3.1.1　颜色模式的转换

颜色模式有很多种，为了在不同的场合正确输出图像，有时需要把图像从一种颜色模式转换为另一种颜色模式。颜色模式的转换有时会永久性地改变图像中的颜色值，转换颜色模式的常用方法如下。

1. 将 RGB 颜色模式转换为索引颜色模式

启动 Photoshop CS4，首先打开图像文件，然后直接转换成索引颜色模式的图像，具体操作方法如下。

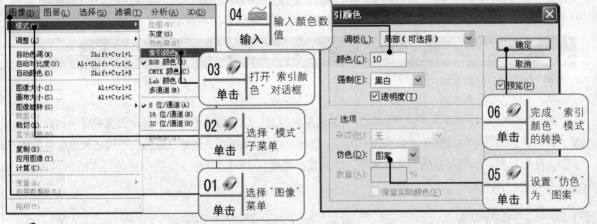

高手点拨

　　将 RGB 颜色模式图像转换为索引颜色模式时，将会有很多命令不能使用。但"图像">"模式">"颜色表"命令只能在索引颜色模式状态下才能使用，例如制作火焰字时，可以在索引颜色模式下使用"颜色表"命令上色。

2. 将 RGB 颜色模式转换成 CMYK 颜色模式

一般数码照片都是 RGB 颜色模式，而图像需要喷绘或打印时，最好转换为 CMYK 颜色模式，不然喷绘出的颜色与图像编辑的颜色会有偏差。启动 Photoshop CS4 并打开图像，转换的具体操作方法如下。

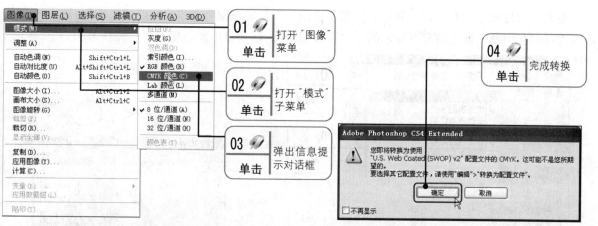

颜色模式的转换还包括了很多种，比如将其他模式转换成索引颜色模式、将其他模式转换成位图模式、将其他模式转换成多通道模式等，这些模式的转换方法与上面所讲的相同。

转换成功之后，可以在该图像文件的左上角看到该文件的颜色模式是属于哪种类型，这样也方便用户在编辑图像时进行合理操作。

高手点拨

除了在图像窗口的左上角可以查看到颜色模式外，还可以在"图像">"模式"菜单中查看，只要在"模式"菜单的命令前打"√"的便是当前图像文件的颜色模式。

3.1.2　色彩和色调的查看

直方图表示图像的每个颜色亮度级别的像素数量，展示像素在图像中的分布情况。它显示了图像在暗调（显示在直方图的左边部分）、中间调（显示在中间部分）和高光（显示在右边部分）中是否包含足够的细节，以便进行更好地校正。在 Photoshop CS4 中到底如何打开直方图来查看图像的色彩及色调？具体的操作方法如下。

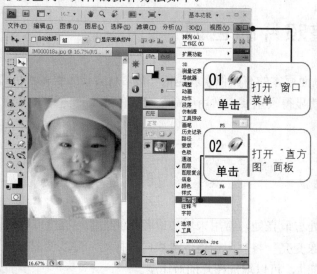

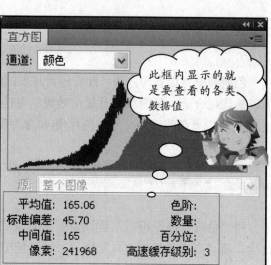

直方图的显示方式有 3 种，分别为"紧凑视图"、"扩展视图"和"全部通道视图"。这 3 种方式可以进行相互切换，默认情况下显示的是"扩展视图"。切换直方图显示方式的操作方法如下。

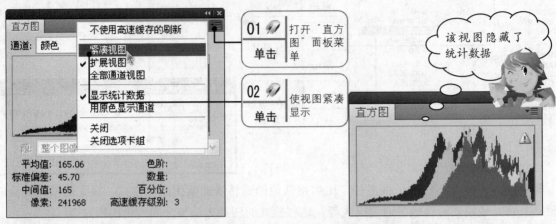

如果要切换到全部通道视图，选择"全部通道视图"命令即可，操作方法如下。

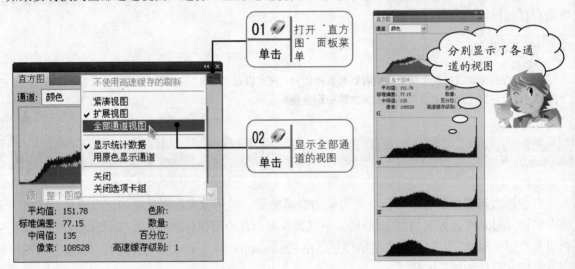

3.2　调整照片的色调

色调调整有很多种方法，操作步骤越多，画面原本的有限像素就越低，最后就会损失很多颜色。所以挑选最合适、最简单并且最出效果的方法就显得很重要。常用的命令有"色阶"、"曲线"、"亮度/对比度"、"色彩平衡"和"色相/饱和度"等。

3.2.1　调整色阶

用"色阶"命令可以重新设定图像的最暗处与最亮处，常用来增加或者降低图像的亮度或者对比度。将"高光值"滑块向左拖动，可以使图像变亮；将"阴影值"滑块向右拖动，可以使图像变暗；将"阴影值"和"高光值"滑块都向中间拖动，可以增加图片的对比度。

下面使用"色阶"命令将一幅灰暗的照片调亮，具体操作方法如下。

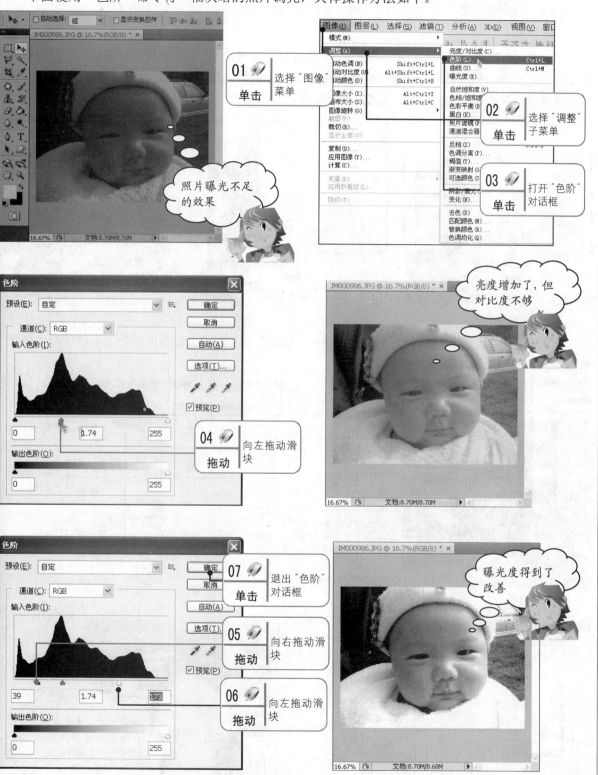

3.2.2 调整曲线

　　"曲线"命令是 Photoshop 中选项最丰富、功能最强大的一个工具，它可以综合调整图像的亮度、对比度、色彩等。曲线的水平轴表示图像的亮度值，即图像的输入值；曲线的垂直轴表示图像处理后的亮度值，即图像的输出值。在 RGB 颜色模式下，"曲线"命令对亮度的调整有下列几种方式。

向上调整，增加亮度

向下调整，降低亮度

调成"S"形，增加对比度

　　如果在"通道"面板中选择单个通道，调整"曲线"后可以改变图像的颜色。下面使用"曲线"命令在女孩的脸上添加腮红。

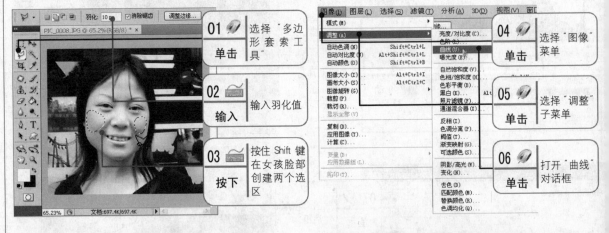

01 单击　选择"多边形套索工具"

02 输入　输入羽化值

03 按下　按住 Shift 键在女孩脸部创建两个选区

04 单击　选择"图像"菜单

05 单击　选择"调整"子菜单

06 单击　打开"曲线"对话框

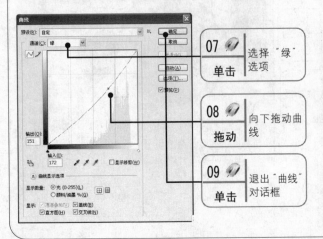

07 单击　选择"绿"选项

08 拖动　向下拖动曲线

09 单击　退出"曲线"对话框

调整"绿"通道后，在女孩脸部产生了红晕，也可以在"红"通道中向上调整曲线

3.2.3 调整亮度/对比度

"亮度/对比度"命令主要用来调节图像的亮度和对比度。利用它可以对图像的色调范围进行简单调整。下面就使用"亮度/对比度"命令来调整一幅曝光不足的照片，具体操作方法如下。

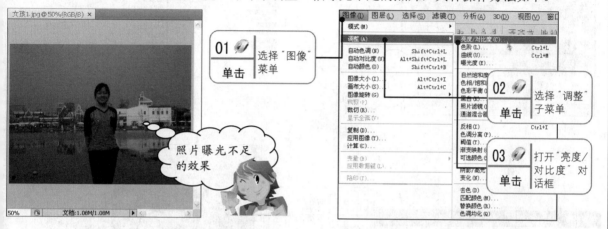

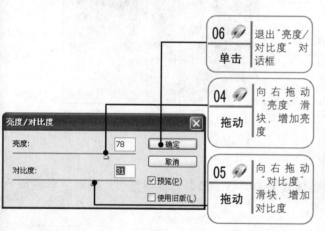

3.2.4 调整色彩平衡

"色彩平衡"命令可让用户在彩色图像中改变颜色的混合，这个命令提供一般化的色彩校正，要想精确控制单个颜色，应使用"色阶"、"曲线"等色彩校正工具。图像中每个色彩的调整都会影响图像中的整个颜色的色彩平衡，下面就来介绍如何在 Photoshop 中来调整色彩的平衡。

1．利用"色彩平衡"命令调整风景照片

下面使用"色彩平衡"命令调整一幅偏色的照片，其操作方法如下。

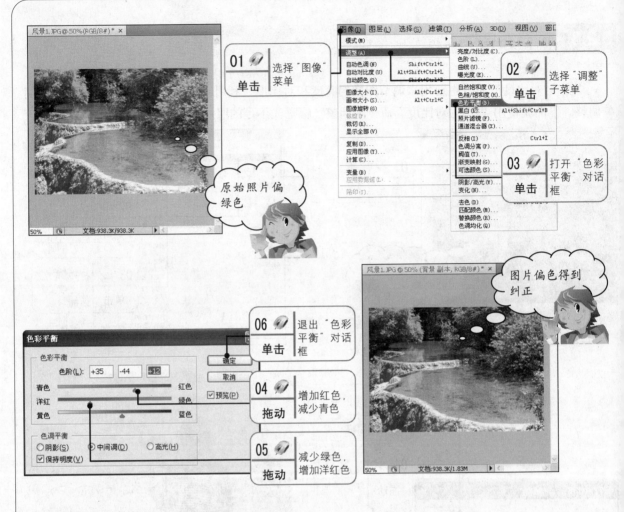

2. 利用"色彩平衡"命令调整人物脸部颜色

前面调整风景照片的色彩，其实是对照片整体效果的调整，那么怎样调整照片局部色彩呢？下面以调整人物脸部色彩为例，具体操作方法如下。

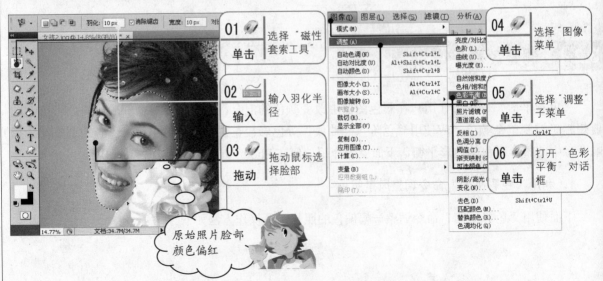

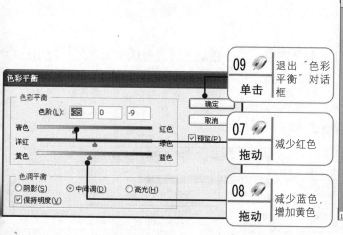

09	单击	退出"色彩平衡"对话框
07	拖动	减少红色
08	拖动	减少蓝色，增加黄色

高手点拨

　　按 Ctrl+B 快捷键也可打开"色彩平衡"对话框。在"色彩平衡"对话框中，左侧的颜色与右侧的颜色互为补色，拖动滑块可以把图像的颜色调整为想要的颜色，下方的 3 个选项为阴影、中间调、高光，分别是以图像的暗区、中间区、亮区为调整对象，选中其中任意选项，将会把图像中相应的区域的颜色调整。

3.3　调整照片的色彩

　　一张好的照片，除了要有好的内容外，色彩和层次感也一定要分明。调整照片色彩的命令有很多，如"自动颜色"、"匹配颜色"、"渐变映射"、"色相/饱和度"、"替换颜色"和"可选颜色"命令等。

3.3.1　自动调整图像

　　Photoshop CS4 的自动调整命令包括"自动色阶"、"自动对比度"以及"自动颜色"命令。这些命令位于"图像">"调整"子菜单中，都是利用计算机自动查找像素的明暗区并进行调整，主要用于对图像整体效果的调整。在打开的照片上选择"调整"菜单下的任意自动命令，例如"自动颜色"命令，即可得到调整后的效果，如下图所示。

3.3.2 调整匹配颜色

"匹配颜色"命令可以使多个图像文件、多个图层、多个色彩之间进行颜色的匹配。使用该命令前，注意将颜色模式设置成"RGB 颜色"模式。例如，将一幅蓝绿色风景照片的颜色匹配到一幅人像照片上，具体操作方法如下。

01 　在 Photoshop CS4 中打开两张照片 "风景 2.jpg"和"女孩 2.jpg"。

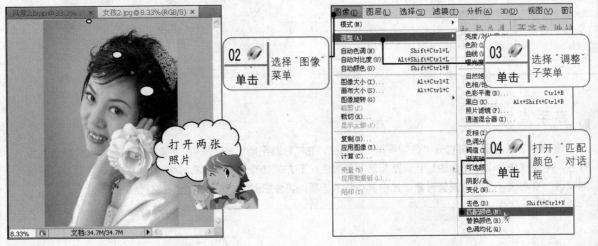

3.3.3 调整渐变映射

"渐变映射"命令用来将相等的图像灰度范围映射到指定的渐变填充色上，如果指定双色渐变填充，图像中的暗调映射到渐变填充的一个端点颜色，高光映射到另一个端点颜色，中间调映射到两个端点间的颜色。使用"渐变映射"命令调整图像颜色的操作方法如下。

01 　在 Photoshop CS4 中打开素材照片 "女孩 4.jpg"。

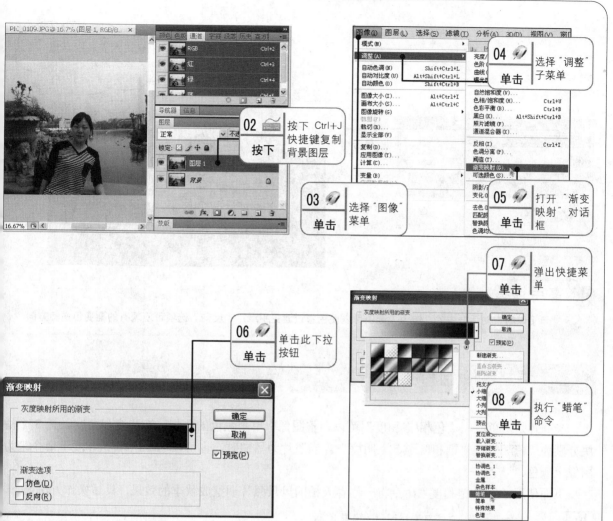

09 在弹出的对话框中单击"追加"按钮，将"蜡笔"类型的渐变色追加到渐变列表中。

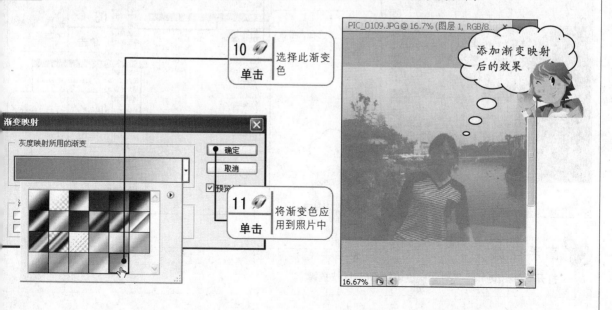

"渐变映射"对话框中的"仿色"选项可以使色彩过渡更平滑，"反向"选项可使现有的渐变色逆转方向。

3.3.4　调整色相/饱和度

当照片是彩色时，"色相/饱和度"可以调整图像中单个颜色的色相、饱和度和亮度。其3个滑块分别为"色相"、"饱和度"、"明度"。当照片为黑白时，也可以用"色相/饱和度"命令来为图像上颜色。

下面使用"色相/饱和度"命令将一幅春天拍的风景照片调整成秋季的效果，具体操作方法如下。

01　在 Photoshop CS4 中打开素材照片"风景3.jpg"。

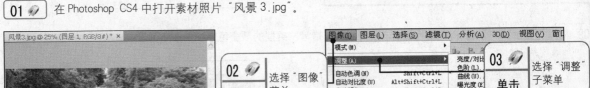

高手点拨

打开"色相/饱和度"对话框也可按 Ctrl+U 快捷键。

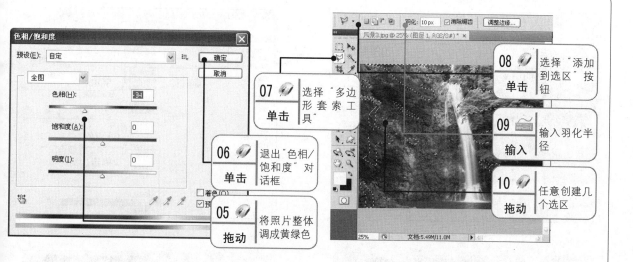

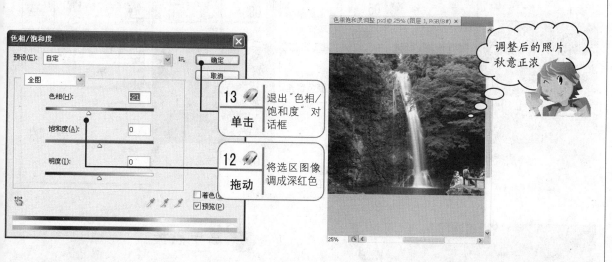

11 ⌨ 按 Ctrl+U 快捷键再次打开"色相/饱和度"对话框。

高手点拨

　　选择"着色"选项，可将图像原有色相全部去除，再重新按照参数值来上色，要注意的是纯白或纯黑是无法着色的。可以将"明度"做些调整，白色就将明度值调为负值，黑色就将明度值调为正值，这样就可以着色了。对黑白照片上色就必须选中"着色"复选框，才能进行着色操作。

3.3.5 调整替换颜色

　　"替换颜色"命令可以替换图像中指定的颜色。比如将照片中红色的树叶替换成绿色，其具体操作方法如下。

01 ⌕ 在 Photoshop CS4 中打开素材照片"风景 4.jpg"。

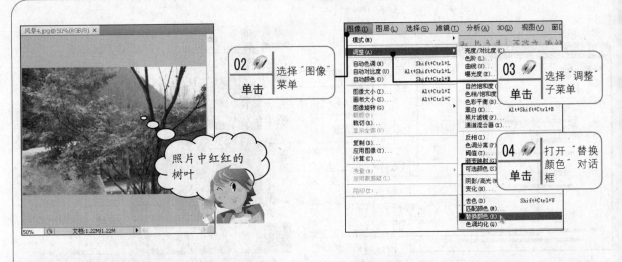

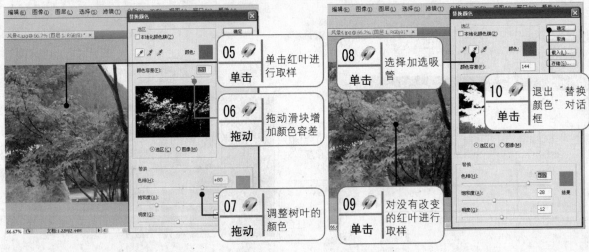

高手点拨

"替换颜色"对话框中，在想要替换颜色的区域单击，选中的部分为白色，其余为黑色，上方的容差值可调整选中区域的大小，值越大，选择区域越大。单击"添加到取样"吸管和"从取样中减去"吸管或者按住 Shift 键或 Alt 键时可增加或减少颜色取样。

进阶提高 —— 技能拓展内容

通过对前面基础入门知识的学习，相信读者可以轻松的掌握如何对数码图像进行色调、色彩的调整，以及图像文件颜色模式的转换等。下面主要介绍与本章内容相关的一些操作技巧。

技巧 01： 彩色照片转换为黑白照片

　　因为设计所需，有时需要把彩色照片转换成黑白照片。其主要是运用"去色"命令来完成，具体的操作步骤如下。

01 　在 Photoshop CS4 中打开素材照片"幸福瞬间.jpg"。

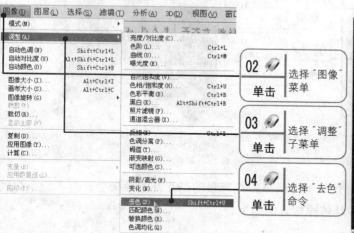

黑白照片效果

02 单击 ── 选择"图像"菜单

03 单击 ── 选择"调整"子菜单

04 单击 ── 选择"去色"命令

高手点拨

按 Shift+Ctrl+U 快捷键可以快速去色。

技巧 02： 彩色照片转换为彩色单色照片

　　使用"色相/饱和度"命令，可以将彩色照片转换成彩色单色照片，具体操作方法如下。

01 　在 Photoshop CS4 中打开素材照片"幸福瞬间 1.jpg"。

原始照片

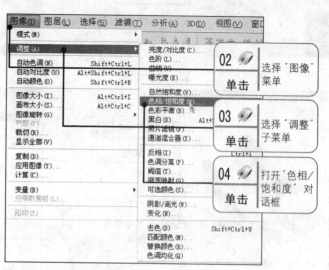

02 单击 ── 选择"图像"菜单

03 单击 ── 选择"调整"子菜单

04 单击 ── 打开"色相/饱和度"对话框

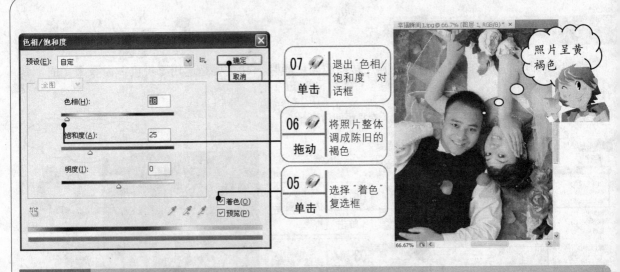

技巧 03： 制作碎花背景的商品照片

经常上购物网站的读者知道，纯白背景或者一些小碎花背景的商品视觉效果会好得多。下面就将一幅商品照片的背景调整为碎花背景，具体操作方法如下。

01 在 Photoshop CS4 中打开素材照片"鞋子.jpg"。

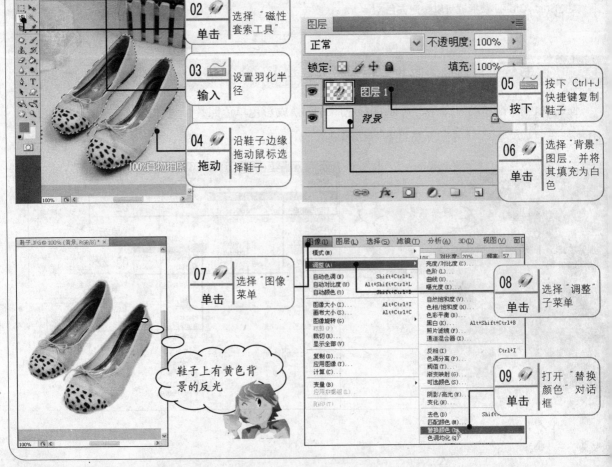

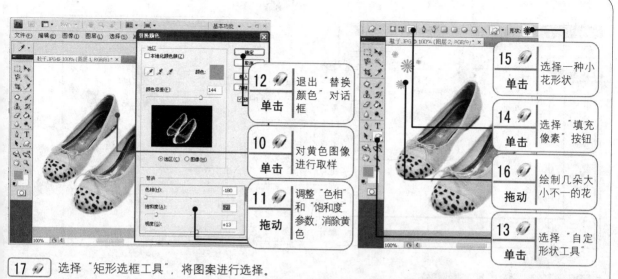

12 单击　退出"替换颜色"对话框

10 单击　对黄色图像进行取样

11 拖动　调整"色相"和"饱和度"参数，消除黄色

15 单击　选择一种小花形状

14 单击　选择"填充像素"按钮

16 拖动　绘制几朵大小不一的花

13 单击　选择"自定形状工具"

17 选择"矩形选框工具"，将图案进行选择。

18 选择"编辑"＞"定义图案"命令，打开"图案名称"对话框。

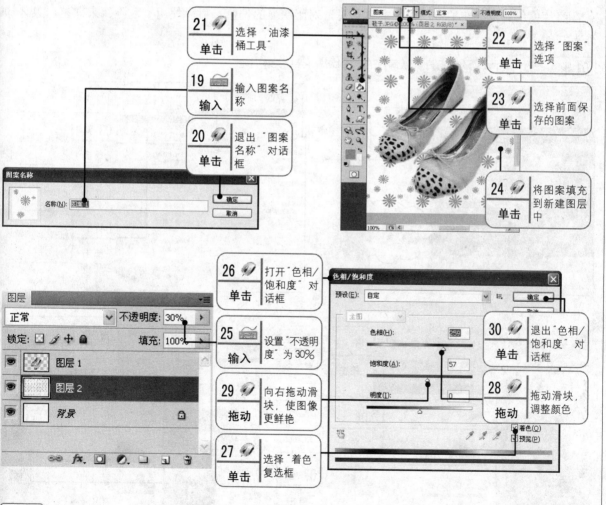

21 单击　选择"油漆桶工具"

19 输入　输入图案名称

20 单击　退出"图案名称"对话框

22 单击　选择"图案"选项

23 单击　选择前面保存的图案

24 单击　将图案填充到新建图层中

26 单击　打开"色相/饱和度"对话框

25 输入　设置"不透明度"为30%

29 拖动　向右拖动滑块，使图像更鲜艳

27 单击　选择"着色"复选框

30 单击　退出"色相/饱和度"对话框

28 拖动　拖动滑块，调整颜色

31 双击"图层1"图层，打开"图层样式"对话框。

-69-

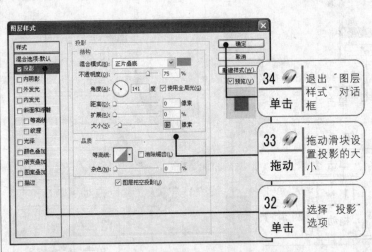

34 单击　退出"图层样式"对话框

33 拖动　拖动滑块设置投影的大小

32 单击　选择"投影"选项

碎花背景效果

技巧 04：调整偏色照片

　　照片偏色的情况在拍摄过程中非常常见，对于明显的偏色，可以使用"色阶"来调整，具体操作方法如下。

01 在 Photoshop CS4 中打开一张偏色的风景照片"亲密无间.jpg"。

02 单击　选择"图像"菜单

03 单击　选择"调整"子菜单

04 单击　打开"色阶"对话框

素材照片偏红色

05 单击　选择"在图像中取样以设置黑场"吸管

06 单击　对小狗鼻子进行取样

07 单击　选择"在图像中取样以设置白场"吸管

08 单击　对鼻子上方白色的毛进行取样

09 单击　退出"色阶"对话框

纠正了偏色

高手点拨

　　使用"色阶"命令清除图像偏色时，如果图片中没有纯黑或者纯白的图像，那么还可以使用"在图像中取样以设置灰场"吸管吸取固有色为灰色的图像，如水泥柱等，就可以纠正偏色。如果单击一次取样后调整的效果不好，就再单击其他图像，多单击几次，总会找到最佳的取样点。

技巧 05：阈值的使用

　　"阈值"命令可将彩色或灰阶的图像变成高对比度的黑白图，可以产生类似位图的效果，具体操作方法如下。

01 🖱 在 Photoshop CS4 中打开一张素材照片"幸福瞬间2.jpg"。

02 🖱 按下 Ctrl+J 快捷键复制"背景"图层。

03 🖱 **单击** 选择"图像"菜单

04 🖱 **单击** 选择"调整"子菜单

05 🖱 **单击** 打开"阈值"对话框

原始彩色照片

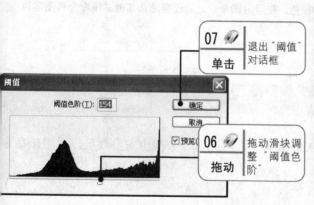

07 🖱 **单击** 退出"阈值"对话框

06 🖱 **拖动** 拖动滑块调整"阈值色阶"

调整阈值后，人物图像很好，但缺少背景层次

08 🖊 选择"背景"图层，再次按下 Ctrl+J 快捷键复制"背景"图层。

09 🖊 在"图层"面板中将"背景 副本 2"图层拖曳到图层顶部，执行"阈值"命令，打开"阈值"对话框。

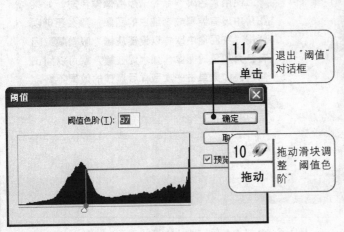

| 11 🖊 | 退出"阈值" |
| 单击 | 对话框 |

| 10 🖊 | 拖动滑块调 |
| 拖动 | 整"阈值色阶" |

背景层次很好，但人物脸部缺乏细节

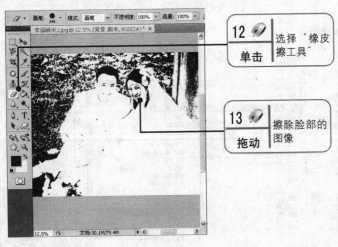

| 12 🖊 | 选择"橡皮 |
| 单击 | 擦工具" |

| 13 🖊 | 擦除脸部的 |
| 拖动 | 图像 |

两次阈值调整，得到最终的图像效果

✏️ **高手点拨**

在"阈值"对话框中可通过拖动滑块来改变阈值色阶，也可直接在"阈值色阶"文本框中输入数值。当设定阈值时，所有像素值高于此阈值的像素点将变为白色，所有像素值低于此阈值的像素点将变为黑色。也就是说通过"阈值"命令调整之后的图像只有黑和白两种颜色。在运用该命令之后还要结合其他滤镜命令和图层混合模式等来达到意想不到的特殊效果。

技巧 06：将照片的色调进行分离

"色调分离"命令可定义色阶的多少，在灰阶图像中可用此命令来减少灰阶数量，运用该命令可使图像形成漫画的效果，具体操作方法如下。

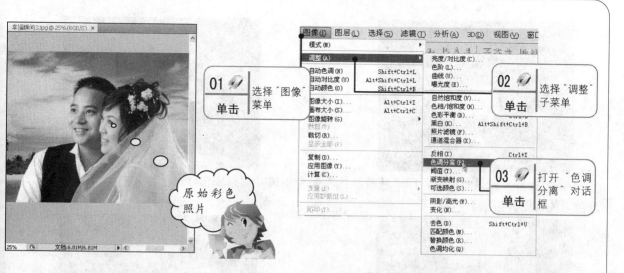

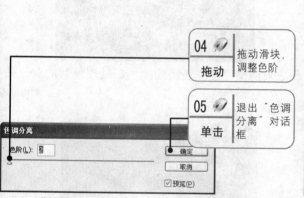

过关练习 —— 自我测试与实践

通过对前面内容的学习，按要求完成以下练习题。

（1）打开一张灰蒙蒙的照片，使用"曲线"命令增加图片的对比度。处理前后的对比效果如下图所示。

（2）打开一张彩色照片，使用"色相/饱和度"的"着色"选项将照片调整成单色照片。处理前后的对比效果如下图所示。

（3）打开一张风景照片，用"替换颜色"命令将树叶调整成粉红色，使其产生浪漫的氛围。处理前后的对比效果如下图所示。

（4）打开一风景照片，利用"通道混合器"命令来调整"红"通道的颜色。处理前后的对比效果如下图所示。

（5）打开一张风景照片，使用"阈值"命令将其调整成黑白分明的照片效果。处理前后的对比效果如下图所示。

 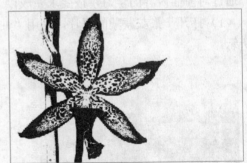

Chapter 04

数码照片修改、修饰及变换

高手指引

今天是星期天，丫丫拿出封存已久的影集，兴致勃勃地看起来，但是一些破损、有污点的照片破坏了她的心情，让她突然有修复这些照片的冲动。说干就干，她马上把扫描仪接到计算机上，将照片扫描到了计算机中，并打开计算机准备操作。但是问题出现了，凭她目前对 Photoshop 的了解，根本没有办法处理好这些照片，于是，她又找到了老王。

> 老王，您看我这些照片破损相当严重并且有污点，怎么处理？

> Photoshop 可是处理这些问题照片的利器，我来教你吧！

> 好啊，谢谢您！老王，处理照片时主要用到哪些工具呢？

> 一般使用修补工具、修复画笔工具、图章工具等，选择适当的工具最重要。

> 那我们开始操作吧，我都等不急了。对了，我计算机中还有很多有问题的照片，一起处理了吧。

纸质照片因为保存的原因，容易破损和被污渍弄脏，而使用数码相机拍摄也容易出现这样那样的问题。这就需要对这些照片进行修改、修饰及变换。Photoshop 有专门针对照片问题进行处理的工具，这些工具能便捷地对破损照片进行修复、修补及修饰。同样在 Photoshop 中对红眼及失真照片都可以进行校正及修改，比如"红眼工具"、"变换"命令等。

学习要点

- ◆ 掌握如何校正梯形失真的数码照片
- ◆ 掌握如何校正桶形失真的数码照片
- ◆ 掌握数码照片的污点修复
- ◆ 掌握破损照片的修复及修补
- ◆ 掌握去除照片红眼
- ◆ 掌握图像各种样式的变换

基础入门 ──── **必知必会知识**

4.1 校正图像

很多朋友都碰到过镜头畸变所带来的烦恼，特别是使用廉价的广角镜头时会造成照片失真。Adobe 的工程师们也深有体会,因此从 Photoshop CS2 版本开始就提供了校正照片失真的工具及滤镜。数码照片的失真分很多种情况，而最常见的要属梯形失真及桶形失真，其校正方式差不多。

4.1.1 梯形失真的校正

数码照片梯形失真是指可能因角度的问题，造成图像出现非平行四边形的变形情况，其具体的校正方法如下。

01 在 Photoshop 中打开一张属于梯形失真的照片 "楼.jpg"。

02 按 Ctrl+J 快捷键复制 "背景" 图层。

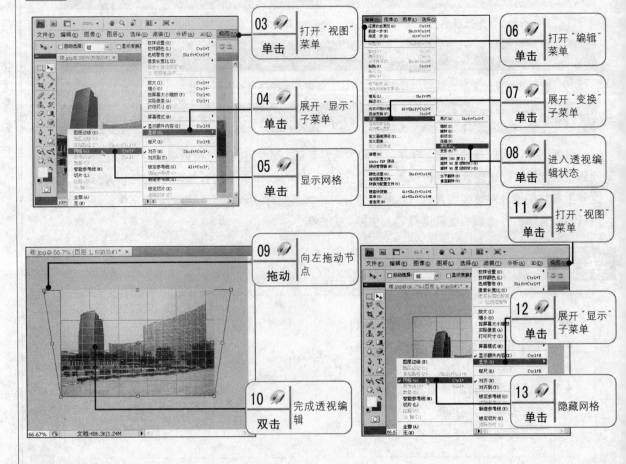

4.1.2　桶形失真的校正

桶形失真是指由镜头引起的图像画面呈桶形膨胀的失真现象，而矫正数码照片桶形失真的具体操作方法如下。

01 　在 Photoshop CS4 中打开一张失真的照片"窗外.jpg"。

02 　按 Ctrl+J 快捷键复制"背景"图层。

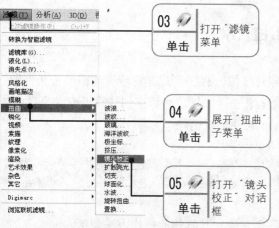

03 单击　打开"滤镜"菜单

04 单击　展开"扭曲"子菜单

05 单击　打开"镜头校正"对话框

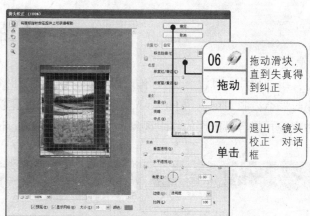

06 拖动　拖动滑块，直到失真得到纠正

07 单击　退出"镜头校正"对话框

09 拖动　在顶部拖动鼠标放大图像

08 单击　选择"缩放工具"

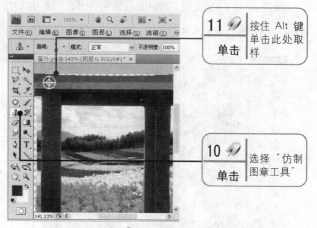

11 单击　按住 Alt 键单击此处取样

10 单击　选择"仿制图章工具"

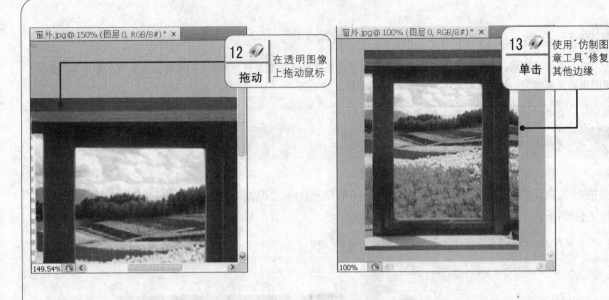

4.2　修饰图像

　　纸质照片一旦没有保管好，就容易沾上污渍，也容易破损。有些照片非常珍贵，需要长久保留，此时怎么办呢？可以用 Photoshop 这款专业图像处理软件来进行修复，然后存到计算机或者光盘中。对夜晚拍摄容易出现的红眼现象，也可以使用 Photoshop 软件进行消除。

4.2.1　修复照片污点

　　照片沾上了污点可以利用工具箱中的"修补工具"来完成，其具体的操作方法如下。

01　在 Photoshop CS4 中打开一张有污点的照片"童年.jpg"。

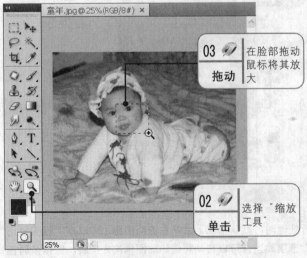

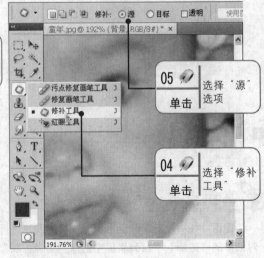

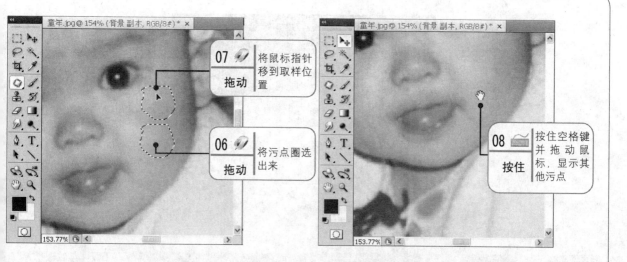

09   使用"修补工具"圈选位置❶，然后拖动到位置❷处清除污点。

10   使用"修补工具"圈选位置❸，然后拖动到位置❹处清除污点。

11   使用"修补工具"圈选位置❺，然后拖动到位置❻处清除污点。

12   使用"修补工具"圈选位置❼，然后拖动到位置❽处清除污点。

高手点拨

　　"修补工具"首先圈选源修补图像区域，然后再拖动该区域至目的位置释放鼠标，此时发现该污点已经被消除，如果效果不太好，可调整源修补图像区域，再重复修补。修补之后，所修补的图像会自动匹配附近相似颜色。

4.2.2 修复破损照片

有张照片因为存放的时候压在了箱子底，拿出来后发现多处破损。现在就需要将这破损的照片进行修复，具体修复的方法如下。

01 在 Photoshop CS4 中打开一张破损照片"老街.jpg"。

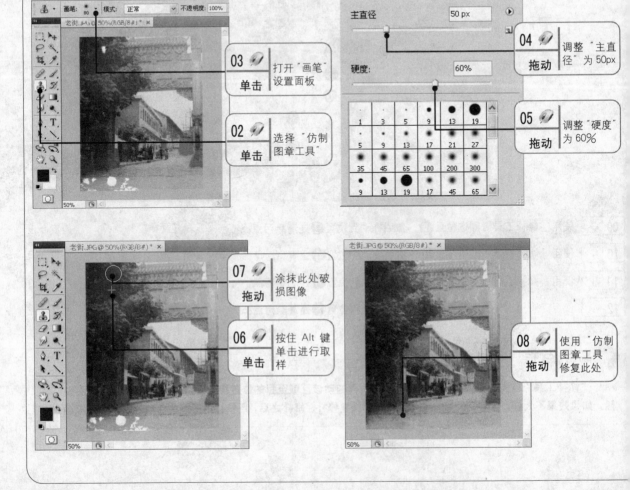

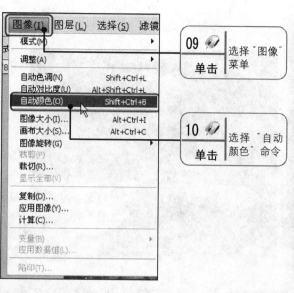

高手点拨

一般旧照片色彩都不太理想，这就需要使用"自动颜色"、"自动对比度"、"自动色调"命令来校正颜色。"自动颜色"命令也可以直接按 Ctrl+Shift+B 快捷键；"自动对比度"命令的快捷键为 Ctrl+Alt+Shift+L；"自动色调"命令的快捷键为 Ctrl+Shift+L。

4.2.3 修复有缺陷的照片

无论是照片后期保存时造成破损，还是物体本身有一定缺陷，都可以用修补工具来修补。修补照片的具体操作方法如下。

01 在 Photoshop CS4 中打开一张照片"鼎.jpg"。

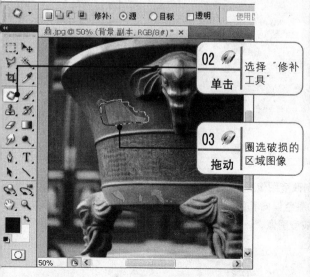

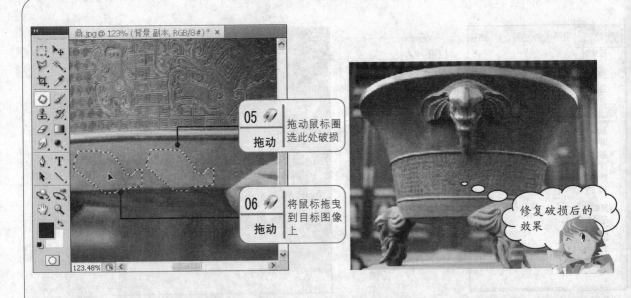

4.2.4 去除照片红眼

红眼产生的原因是因为在黑暗中，闪光灯打在眼睛上，突然的强光使视网膜后的毛细血管充血，所产生的自然现象，只要是"镜头"与"闪光灯"之间的夹角设计得小，便很容易产生红眼现象。出现红眼现象之后可以运用 Photoshop 轻松地去除红眼，去除红眼的具体操作方法如下。

01 在 Photoshop CS4 中打开一张有红眼现象的照片"美女.jpg"。

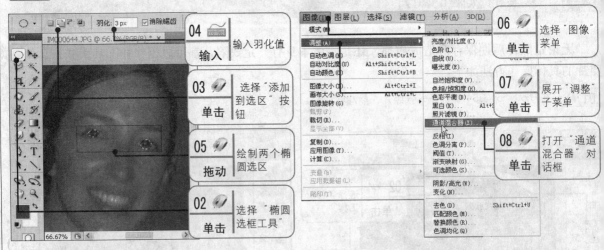

高手点拨

"通道混合器"命令是通过颜色通道的混合来达到改变图像颜色的目的。在"输出通道"下拉列表中选择要调整的颜色通道；"常数"数字框中为负值时，通道的颜色偏向黑色；输入正值时，通道的颜色偏向白色。如果选择"单色"复选框，彩色图像会变成只含灰度值的灰度图像。

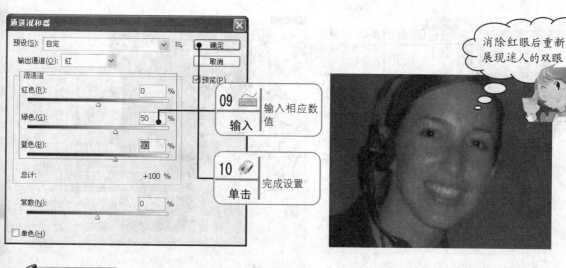

消除红眼后重新
展现迷人的双眼

高手点拨

如果红眼现象很严重，在去红眼颜色之后，需要恢复到原来的自然颜色，则用"吸管工具"吸取与眼睛位置相近的颜色，然后用"颜色替换工具"在眼睛的虹膜上进行涂抹，还原自然的眼睛颜色。再针对亮度调整其他的颜色、色调校正以及颜色校正等，使眼睛的颜色与实际本色达到一致。

4.2.5 仿制图章修饰照片

"仿制图章工具"主要是取样点，然后仿制样点位置的图像，功能与复制图像差不多，但仿制图章是涂抹式的复制，所以复制范围非常灵活。利用"仿制图章工具"可以对照片进行一些特殊的修饰，具体的操作方法如下。

01 在 Photoshop CS4 中打开一张数码照片"背影.jpg"。

02 在工具箱中选择"仿制图章工具" ，再按[键或]键调整画笔至适当大小。

03 按住 Alt 键
单击取样
单击

04 新建图层
单击

05 在相应位置
涂抹以仿制
图像
拖动

4.3 变换图像

在 Photoshop 中打开数码照片后，可能图像的大小及位置都不太合适图像的融合及修饰，那么用户可以适当地对图像进行一些变换。变换图像有很多种，比如缩放图像、旋转图像、斜切图像、翻转图像、扭曲图像、透视图像、变形图像等。

4.3.1 缩放图像

在 Photoshop 中打开照片，可以将照片缩放至合适大小为止，缩放照片大小的具体方法如下。

01 在 Photoshop CS4 中打开一张数码照片图像"花团锦簇.jpg"。

02 使用"磁性套索工具"选择其中一朵花。

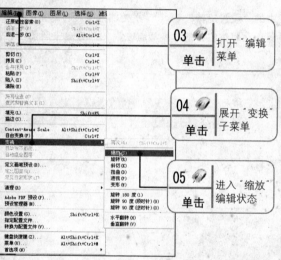

03 单击 打开"编辑"菜单

04 单击 展开"变换"子菜单

05 单击 进入"缩放"编辑状态

06 拖动 定位到节点向内缩小图像

07 调整好后按 Enter 键完成图像缩放。

高手点拨

在缩放照片时，如果按住 Shift 键进行拖动则是成正比缩放照片；如果按住 Alt 键进行拖动则是以中心点不变来缩放照片；如果按住 Shift+Alt 快捷键则是以中心点不变并成正比缩放照片。

4.3.2 旋转图像

变换图像还可以对照片进行一定角度的旋转，这也是在 Photoshop 中最常见的一种图像变换手法。旋转照片的具体操作方法如下。

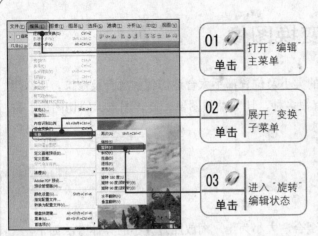

05 按 Enter 键完成图像旋转。

高手点拨

　　旋转照片时也可以在进入旋转编辑状态后，在其属性栏中的"设置旋转" △ 29.2 度处输入要旋转的角度。默认情况下都是以照片的中心点为旋转点，旋转点也可以设置，在属性栏中的"参考点位置" 处单击所需位置的点即可。

4.3.3　斜切图像

　　在这里，仍然使用上面的照片进行斜切操作，具体操作方法如下。

01 按 Ctrl+T 键进入照片变换编辑状态。

05 按 Enter 键完成图像斜切。

高手点拨

　　斜切时可以对照片的四边都进行斜切，但要注意一点，在完成同一张图像斜切时，四边必须都斜切完后才能按 Enter 键结束变换。

4.3.4 翻转图像

照片的翻转分为两种：一是水平翻转；二是垂直翻转。水平翻转是将照片的左右进行变换，垂直翻转是将照片的上下进行变换。照片翻转的具体操作方法如下。

01 在 Photoshop CS4 中打开一张数码照片"埃及.jpg"。

02 按 Ctrl+J 快捷键复制图像到新图层中，再按 Ctrl+T 快捷键进入变换编辑状态。

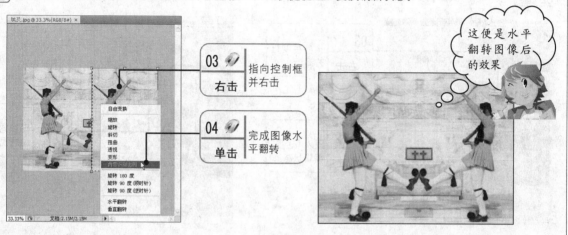

03 右击 │ 指向控制框并右击

04 单击 │ 完成图像水平翻转

这便是水平翻转图像后的效果

4.3.5 扭曲图像

扭曲图像即是没有规则地变形图像。在扭曲过程中，图像不会随着扭曲的程度而裁剪部分图像，而是整个完整的图像会随着拖动节点而变形。扭曲图像的具体操作方法如下。

01 在 Photoshop CS4 中打开一张数码照片"大楼.jpg"。

02 按 Ctrl+J 快捷键复制图像至新的图层中，再按 Ctrl+T 快捷键进入变换编辑状态。

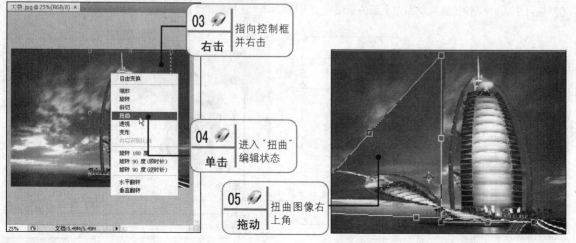

03 右击 │ 指向控制框并右击

04 单击 │ 进入"扭曲"编辑状态

05 拖动 │ 扭曲图像右上角

06 按 Enter 键完成图像扭曲编辑。

4.3.6　透视图像

　　图像中的"透视"命令主要是对图像进行编辑，产生一种远小近大的效果，其产生的效果与实景看到的远、近景差不多。透视图像的具体操作方法如下。

01 　在 Photoshop CS4 中打开一张数码照片"风景.jpg"。

02 　按 Ctrl+J 快捷键复制图像至新的图层中，再按 Ctrl+T 快捷键进入变换编辑状态。

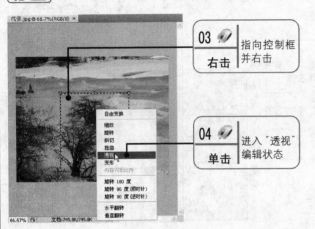
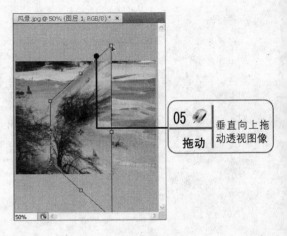

03 右击	指向控制框并右击
04 单击	进入"透视"编辑状态
05 拖动	垂直向上拖动透视图像

06 　按 Enter 键完成图像透视编辑。

4.3.7　变形图像

　　变换中的"变形"命令主要是对图像进行编辑，产生一种凹凸效果及桶形效果，具体操作方法如下。

01 　在 Photoshop CS4 中打开一张数码照片"日光浴.jpg"。

02 　按 Ctrl+J 快捷键复制图像至新的图层中，再按 Ctrl+T 快捷键进入变换编辑状态。

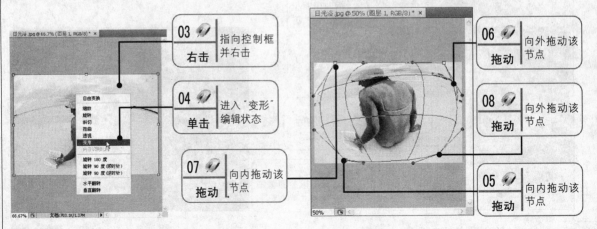

03 右击	指向控制框并右击
04 单击	进入"变形"编辑状态
06 拖动	向外拖动该节点
08 拖动	向外拖动该节点
07 拖动	向内拖动该节点
05 拖动	向内拖动该节点

09 　按 Enter 键完成图像变形编辑。

高手点拨

在变形过程中，向外拖动网络中间的 4 个节点便产生了望远镜放大的效果，相反，如果向内拖动网络中间的 4 个节点会产生一种透视镜缩小向内凹的效果。如果向内拖动边角，会产生卷边效果，其具体操作方法如下。

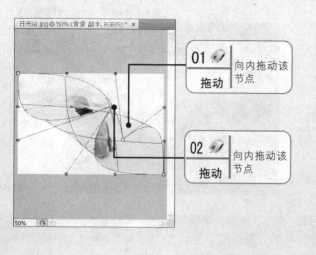

01 拖动　向内拖动该节点

02 拖动　向内拖动该节点

这便是卷边的效果

进阶提高 —— 技能拓展内容

通过对前面基础入门知识的学习，相信初学者已经掌握了数码照片的修改、修饰及变换操作的相关基础知识。为了进一步提高用户操作软件的技能，下面介绍与本章内容相关的一些操作技巧。

技巧 01：校正数码照片的倾斜度

数码照片是否倾斜只需要显示网格即可查看，一旦发现斜度也就是失真现象，可运用"裁切工具"和"仿制图章工具"进行校正，具体的操作方法如下。

01 在 Photoshop CS4 中打开一张数码照片 "荷花.jpg"。

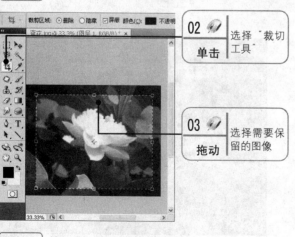

02 单击　选择"裁切工具"

03 拖动　选择需要保留的图像

04 拖动　旋转图像，纠正倾斜

05 按下 Enter 键退出裁切状态。

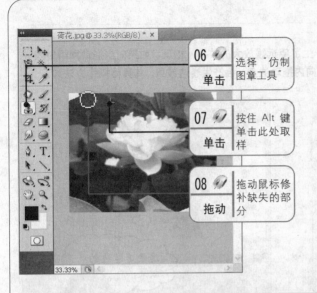

> 使用"仿制图章工具"修复缺失后的效果

06 单击　选择"仿制图章工具"

07 单击　按住 Alt 键单击此处取样

08 拖动　拖动鼠标修补缺失的部分

技巧 02：调整数码照片的曝光度

　　数码照片拍摄后，可使用 Photoshop 软件调整照片的曝光度。既可修复照片的曝光度，也可使没有曝光的照片产生曝光效果，调整曝光不足的照片的具体操作方法如下。

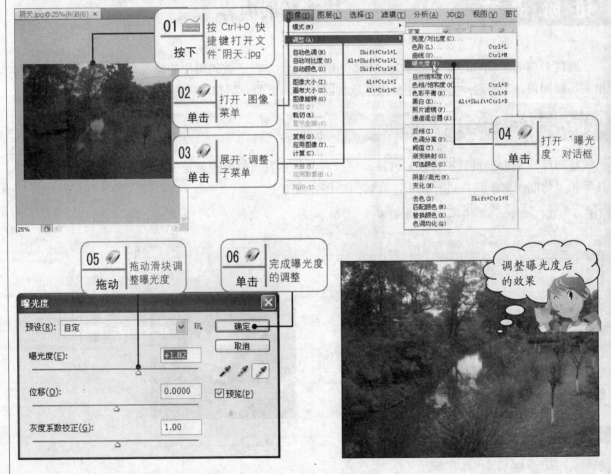

01 按下　按 Ctrl+O 快捷键打开文件"阴天.jpg"

02 单击　打开"图像"菜单

03 单击　展开"调整"子菜单

04 单击　打开"曝光度"对话框

05 拖动　拖动滑块调整曝光度

06 单击　完成曝光度的调整

> 调整曝光度后的效果

![图钉图标] **高手点拨**

对于曝光过度的照片本方法同样适用，只是其中的参数应设置为负数。在"曝光度"对话框中有 3 个吸管，分别是"在图像中取样以设置黑场" ✐、"在图像中取样以设置灰场" ✐、"在图像中取样以设置白场" ✐，就是说可以利用这些吸管来调整色调的黑场、灰场及白场。

技巧 03： 调整数码照片的景深

细心的读者会发现，有些照片的前后景物都非常清晰，而有些照片的后景物却十分模糊，这种模糊就是景深效果，具体调整数码照片景深的方法如下。

01 ✐ 📁 在 Photoshop CS4 中打开一张数码照片"游玩.jpg"。

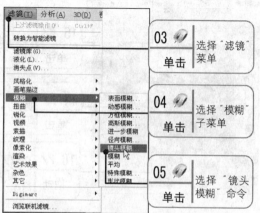

03 ✐ 单击 选择"滤镜"菜单

04 ✐ 单击 选择"模糊"子菜单

05 ✐ 单击 选择"镜头模糊"命令

02 ✐ 拖动 将背景图层拖到此按钮

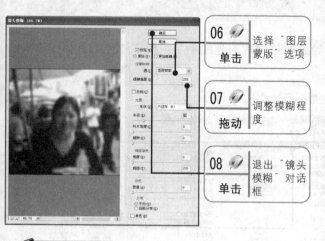

06 ✐ 单击 选择"图层蒙版"选项

07 ✐ 拖动 调整模糊程度

08 ✐ 单击 退出"镜头模糊"对话框

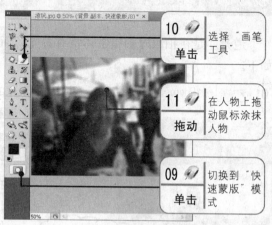

10 ✐ 单击 选择"画笔工具"

11 ✐ 拖动 在人物上拖动鼠标涂抹人物

09 ✐ 单击 切换到"快速蒙版"模式

![图钉图标] **高手点拨**

过去一般用"高斯模糊"和"添加杂色"滤镜来制作景深效果。从 Photoshop CS 开始，就可以使用"镜头模糊"滤镜，该滤镜是专门用来模拟真实的照相机镜头的景深效果，为了使效果更加真实，读者最好分别设置各个选项，看看照片有什么变化。

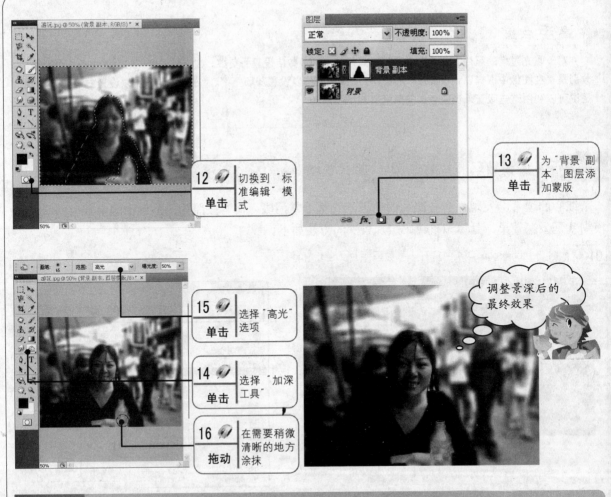

12 单击　切换到"标准编辑"模式

13 单击　为"背景 副本"图层添加蒙版

15 单击　选择"高光"选项

14 单击　选择"加深工具"

16 拖动　在需要稍微清晰的地方涂抹

调整景深后的最终效果

技巧 04：修改逆光

逆光即是在拍照时拍摄主体背对着光源而导致所拍照片的光线不足。校正逆光的具体操作方法如下。

01 在 Photoshop CS4 中打开一张有逆光现象的数码照片"逆光.jpg"。

打开照片

02 单击　选择"图像"菜单

03 单击　选择"调整"子菜单

04 单击　选择"阴影/高光"命令

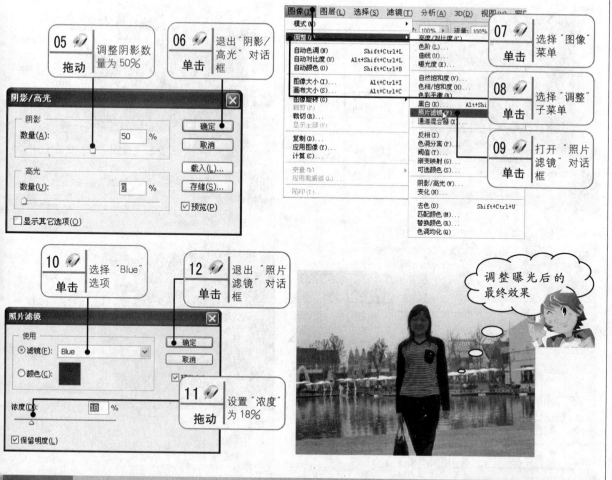

技巧 05： 去除照片上的日期

外出旅游，总喜欢让相机自动在照片上显示拍摄日期，这对直观地表现旅游时间是很有用的。但如果是在一个很有表现力的摄影作品上，那日期就没有应有价值，而成为了破坏画面效果的元凶。清除照片上日期的操作方法如下。

01 在 Photoshop CS4 中打开一张照片"三朵花.jpg"。

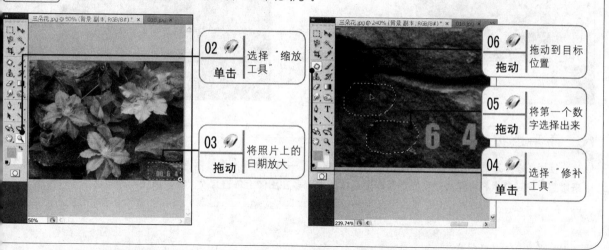

07 拖动　选择剩下的数字

08 拖动　拖到目标位置

09 单击　选择"仿制图章工具"

修补后的图像有些模糊

10 拖动　设置"主直径"为 35px

11 拖动　设置"硬度"为 60%

12 单击　按住 Alt 键进行取样

13 拖动　在模糊图像处进行涂抹

15 单击　将图像缩小到适合屏幕显示

14 单击　选择"缩放工具"

去除日期后的照片效果

高手点拨

　　使用"修补工具"和"修复画笔工具"修复图像时，一般都会使图像模糊，这时就可以通过"仿制图章工具"来修整。诀窍就是将画笔"硬度"调整成适合该图像，多在图像上单击几次，就可以使画面自然。

技巧 06：去除脸上的雀斑

　　小面积污垢可以用"污点修复画笔工具"进行修复，而大面积的污垢就不能再用该工具了，如雀斑的去除就要借助一些滤镜命令来完成，具体操作方法如下。

01 在 Photoshop CS4 中打开一张有严重雀斑的照片"雀斑妹妹.jpg"。

02 按 Ctrl+J 快捷键复制图像至新的图层中。

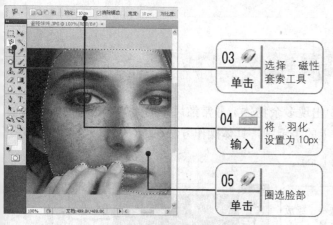

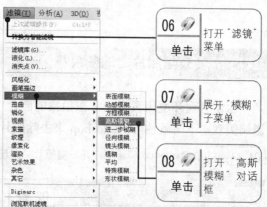

03 单击　选择"磁性套索工具"

04 输入　将"羽化"设置为 10px

05 单击　圈选脸部

06 单击　打开"滤镜"菜单

07 单击　展开"模糊"子菜单

08 单击　打开"高斯模糊"对话框

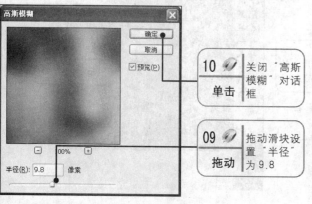

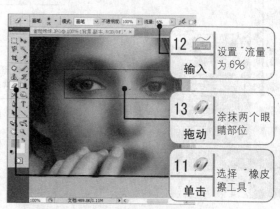

09 拖动　拖动滑块设置"半径"为 9.8

10 单击　关闭"高斯模糊"对话框

11 单击　选择"橡皮擦工具"

12 输入　设置"流量"为 6%

13 拖动　涂抹两个眼睛部位

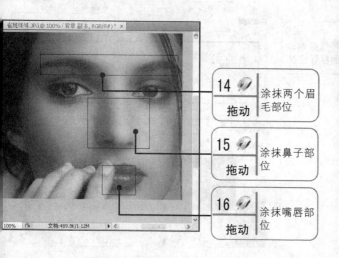

去除雀斑后的效果

14 拖动　涂抹两个眉毛部位

15 拖动　涂抹鼻子部位

16 拖动　涂抹嘴唇部位

高手点拨

　　"高斯模糊"的半径大小根据图像污垢颜色的深浅来决定，污垢颜色越深，模糊半径值越大效果越好；污垢颜色较浅，则模糊半径值越小效果越好。

　　在用"橡皮擦工具"擦除眼睛、眉毛、嘴巴、鼻子等时，橡皮擦的"流量"值越低，擦除的边缘效果越自然。在擦除时，用力要均匀。

　　使用"橡皮擦工具"擦除图像，操作简单，容易理解，但缺点是一旦关闭窗口后发现误操作，将无法返回，只有重新操作。如果将要擦除的图像选择出来，添加图层蒙版，然后使用画笔工具来修改，那么图像是不会被擦除的，只是将要擦除的图像隐藏起来，便于修改。

技巧 07：去除照片上的多余物

　　由于客观环境因素，经常在拍摄的照片中出现多余物体，非常煞风景，比如本例中的警示牌很影响美观。下面就使用 Photoshop 来去除照片上的警示牌，具体操作方法如下。

01 在 Photoshop CS4 中打开一幅照片"游玩1.jpg"。

02 单击　选择"缩放工具"

03 拖动　将照片上的标牌放大

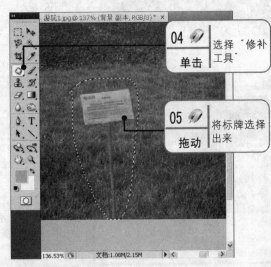

04 单击　选择"修补工具"

05 拖动　将标牌选择出来

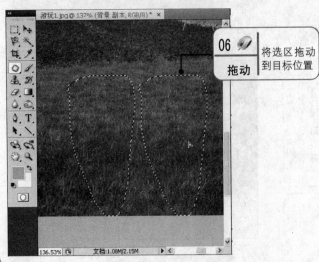

06 拖动　将选区拖动到目标位置

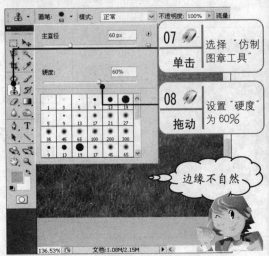

07 单击　选择"仿制图章工具"

08 拖动　设置"硬度"为60%

边缘不自然

技巧 08：无损缩放照片

　　有些照片在计算机屏幕上观看时很清晰，打印出来却很模糊。这是因为打印和屏幕浏览对图像分辨率的要求不一样所造成的。一般在屏幕上浏览，分辨率为 72dpi 即可，而打印分辨率通常要求为 300dpi。那么怎么调高照片的分辨率，以适应打印或者冲印呢？比如要冲印 7 寸的照片，具体操作方法如下。

01 在 Photoshop CS4 中打开一幅照片"游玩 2.jpg"，选择"图像" > "图像大小"命令，打开"图像大小"对话框。

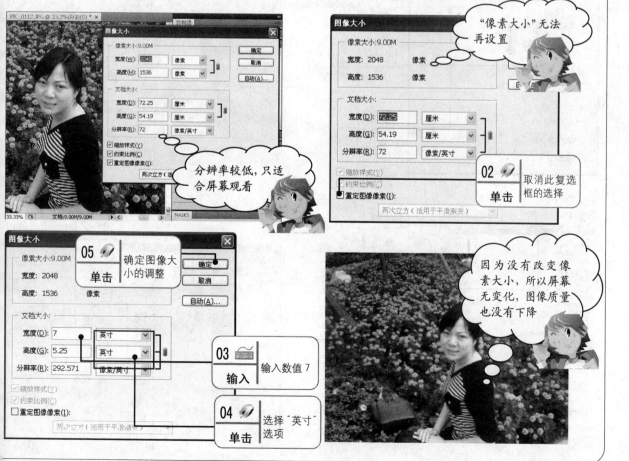

技巧 09：用照片拼贴立方体

使用"编辑"菜单下的"变换"子菜单中的命令，可以调整图像的大小、斜切图像等，其实应用得更多的是"自由变换"命令，按 Ctrl+T 快捷键打开自由变换调节框，然后结合一些功能按键就可以变换图像了。还可以使用"描边"命令添加边框。下面将照片贴到立方体上，具体操作方法如下。

01 在 Photoshop CS4 中打开素材文件"立方体.jpg"。

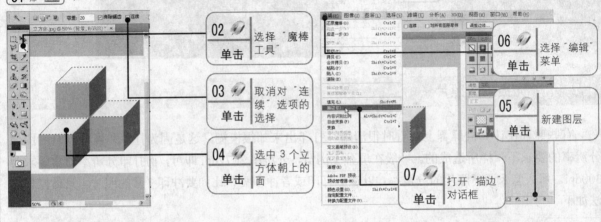

02 单击　选择"魔棒工具"

03 单击　取消对"连续"选项的选择

04 单击　选中 3 个立方体朝上的面

06 单击　选择"编辑"菜单

05 单击　新建图层

07 单击　打开"描边"对话框

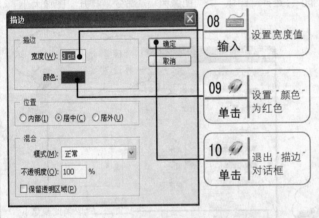

08 输入　设置宽度值

09 单击　设置"颜色"为红色

10 单击　退出"描边"对话框

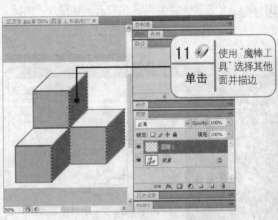

11 单击　使用"魔棒工具"选择其他面并描边

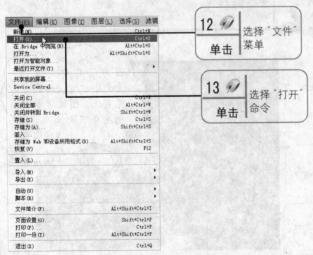

12 单击　选择"文件"菜单

13 单击　选择"打开"命令

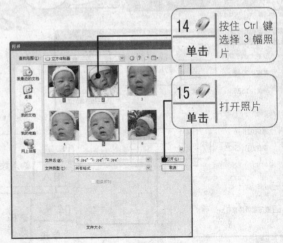

14 单击　按住 Ctrl 键选择 3 幅照片

15 单击　打开照片

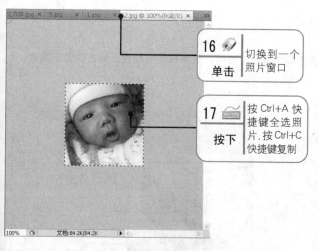

16 单击　切换到一个照片窗口

17 按下　按 Ctrl+A 快捷键全选照片，按 Ctrl+C 快捷键复制

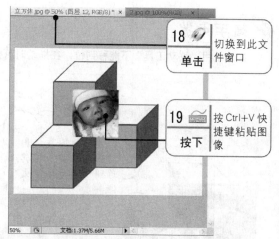

18 单击　切换到此文件窗口

19 按下　按 Ctrl+V 快捷键粘贴图像

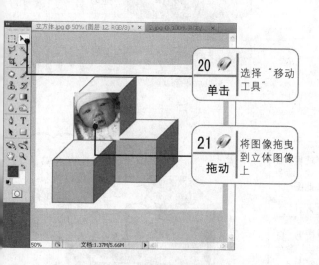

20 单击　选择"移动工具"

21 拖动　将图像拖曳到立体图像上

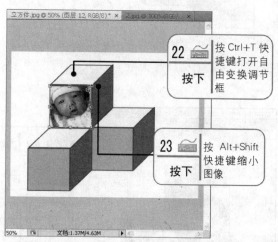

22 按下　按 Ctrl+T 快捷键打开自由变换调节框

23 按下　按 Alt+Shift 快捷键缩小图像

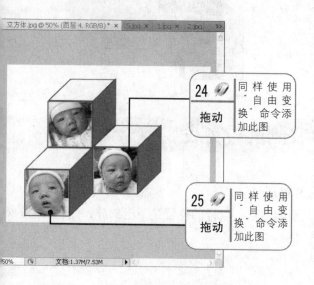

24 拖动　同样使用"自由变换"命令添加此图

25 拖动　同样使用"自由变换"命令添加此图

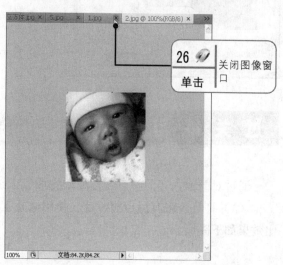

26 单击　关闭图像窗口

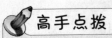
高手点拨

如果使用"移动工具"不能移到位，在拖动时可按住 Ctrl 键进行微调，也可以使用键盘上的方向键来微调。

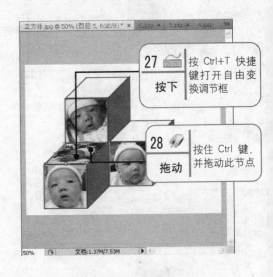

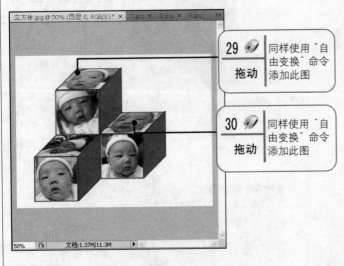

过关练习 —— 自我测试与实践

通过对前面内容的学习，按要求完成以下练习题。

（1）打开一张有污点的照片，使用修补工具清除污点，取样的位置是下巴部分。处理前后的对比效果如下图所示。

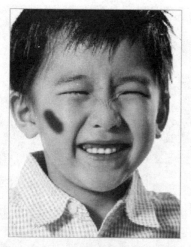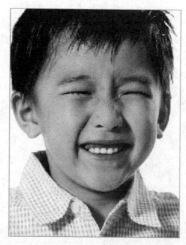

（2）打开一张有红眼现象的照片，首先使用"椭圆选框工具"选择红眼，然后使用"色相/饱和度"命令减少红眼处的饱和度。处理前后的对比效果如下图所示。

（3）打开一张曝光不足的照片，使用"阴影/高光"命令纠正曝光。处理前后的对比效果如下图所示。

（4）拍摄一个抽纸包装盒，然后将花卉照片拖曳到包装盒中，分别使用"自由变换"命令将花卉照片贴到包装盒上，最后再使用"色相/饱和度"命令降低侧边花卉图像的明度。处理前后的对比效果如下图所示。

（5）打开一张单人照，使用"仿制图章工具"制作双胞胎效果。为了使图像效果更加逼真，使用"橡皮擦工具"擦掉一些头发，然后使用"液化"滤镜修整头发样式。一个短发一个长发，就像双胞胎小姐妹一样。处理前后的对比效果如下图所示。

Chapter 05

人物照片的调整与修饰

高手指引

丫丫学习 Photoshop 有一段时间了，今天她找了些照片出来，想对其中的人像进行美化，但是才开始操作就出问题了，使用了很多工具，用尽了办法，都不能达到理想的效果。这不，还是得请教老王。

老王，今天教我处理人像照片吧！

好啊！你都准备了哪些照片？

有的身材太胖，有的闭着眼睛，还有的皮肤太黑。

嗯，这些问题对于 Photoshop 都不是问题！

太好了，快教教我吧！

一般拍摄出来的照片，不管是传统相机，还是数码相机，很难做到不经过处理就能十全十美。特别是人物照片，总有这样那样不如意的地方。因此，可以把拍摄出来的照片用 Photoshop 进行调整或美化修饰等，比如眼部矫正、脸形矫正、嘴部矫正、鼻部矫正、减肥效果、皮肤美容等。

学习要点

- ◆ 掌握照片中人物眼部的矫正及修饰
- ◆ 掌握照片中人物脸形的矫正及修饰
- ◆ 掌握照片中人物嘴部的矫正及修饰
- ◆ 掌握为照片中的人物进行减肥及美白皮肤的方法
- ◆ 掌握为照片中的人物进行染发及换衣服颜色的方法
- ◆ 掌握为照片中的人物添加首饰及纹身的方法

基 础 入 门 ──── **必知必会知识**

5.1 眼部矫正

如果在拍照时不注意，拍出来就有可能出现眼睛是闭着、无神等情况；还有可能拍照时没有化妆，照完之后感觉不好看等。像这些情况都是可以用 Photoshop 来进行矫正及美化。

5.1.1 处理闭眼的照片

照相时常会出现部分人的表情很好，而另一部分人的表情有问题，比如眼睛闭上等，这时可以用 Photoshop 软件将闭眼修改成睁眼的效果。下面是一张两只眼睛都闭上的照片，具体操作方法如下。

01 在 Photoshop CS4 中打开一张人物闭眼的照片"闭眼.jpg"和一张睁眼的照片"睁眼.jpg"。

02 按 Ctrl+J 快捷键复制"背景"图像。

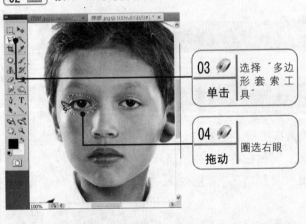

03 单击 选择"多边形套索工具"

04 拖动 圈选右眼

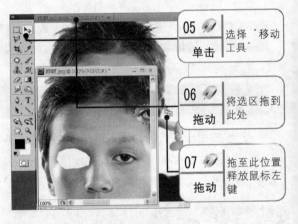

05 单击 选择"移动工具"

06 拖动 将选区拖到此处

07 拖动 拖至此位置释放鼠标左键

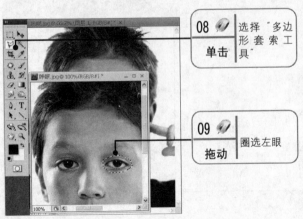

08 单击 选择"多边形套索工具"

09 拖动 圈选左眼

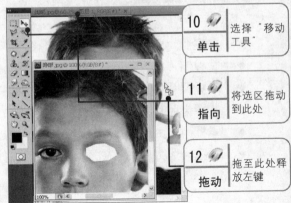

10 单击 选择"移动工具"

11 指向 将选区拖动到此处

12 拖动 拖至此处释放左键

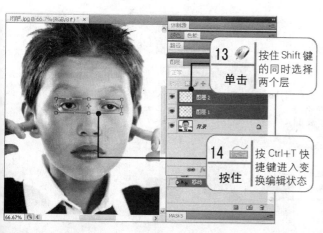

13 单击 按住 Shift 键的同时选择两个层

14 按住 按 Ctrl+T 快捷键进入变换编辑状态

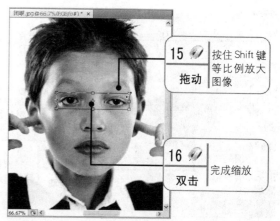

15 拖动 按住 Shift 键等比例放大图像

16 双击 完成缩放

17 选择"缩放工具" 🔍，在图像中拖动放大右眼。

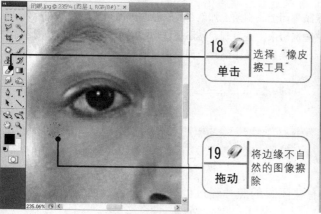

18 单击 选择"橡皮擦工具"

19 拖动 将边缘不自然的图像擦除

使用"橡皮擦工具"擦除右眼多余图像的效果

使用"橡皮擦工具"擦除左眼多余图像的效果

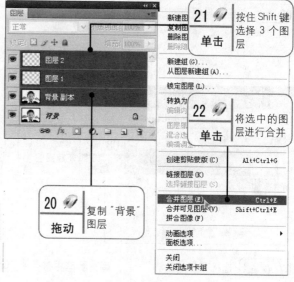

21 单击 按住 Shift 键选择 3 个图层

22 单击 将选中的图层进行合并

20 拖动 复制"背景"图层

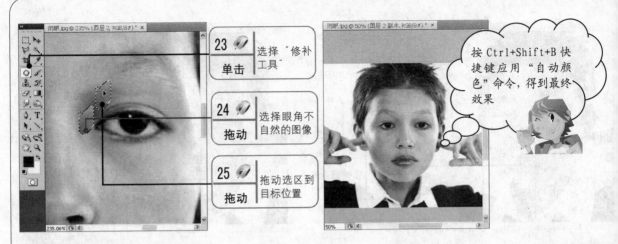

高手点拨

　　闭眼分两种情况，一是闭一只眼睛，二是两只眼睛都闭上。都闭上那就得找一张本人原来没闭眼的照片，用"仿制图章工具"慢慢修复，或是把没闭眼的部位圈选出来，按复制、粘贴操作。如闭一只眼睛，那就把没闭的眼睛圈选复制之后粘贴，再将其水平翻转180°。如果只有一张照片，而且两只眼都是闭上的，那只有去寻找相似的眼睛来替换。

5.1.2　画眼线

　　有些照片拍出来后眼睛的眼线不太明显或有些闭眼的照片经过处理过后便没了眼线。下面为一张人物照片画上眼线，具体操作方法如下。

01 　在 Photoshop CS4 中打开一张素材照片"画眼线.jpg"。

02 　单击工具箱中的"缩放工具" 按钮，在图像中单击，放大图像。

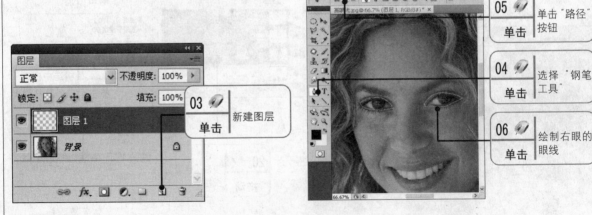

07 　选择"画笔工具"，调整画笔主直径为 10px，设置前景色为黑色。

08 　在"窗口"菜单下选择"路径"命令，切换到"路径"面板中。

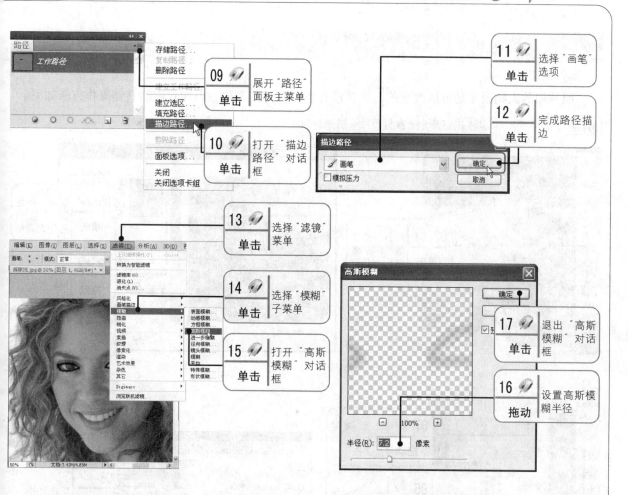

09 单击 展开"路径"面板主菜单

10 单击 打开"描边路径"对话框

11 单击 选择"画笔"选项

12 单击 完成路径描边

13 单击 选择"滤镜"菜单

14 单击 选择"模糊"子菜单

15 单击 打开"高斯模糊"对话框

16 拖动 设置高斯模糊半径

17 单击 退出"高斯模糊"对话框

18 输入 将"不透明度"设置为90%

这便是画眼线后的效果图

✎ **高手点拨**

　　用"钢笔工具"绘制眼线时，初步画好之后可适当用"直接选择工具"调整路径，直至路径合适眼睛为止。描边路径时，画笔直径的大小由眼线的粗细来决定，一般情况的眼线为 2px，如果想粗一些，画笔直径设置大一点。"不透明度"设置高，眼线颜色更黑，"不透明度"设置低，眼线颜色更淡。

5.1.3　变换眼影

照片中的人物眼影是可以改变的，就算没有也可以为其添加。添加眼影的具体操作方法如下。

01 🖱　在 Photoshop CS4 中打开一张素材照片"描眼影.jpg"。

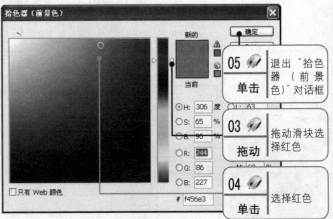

02 🖱　单击　打开"拾色器（前景色）"对话框

05 🖱　单击　退出"拾色器（前景色）"对话框

03 🖱　拖动　拖动滑块选择红色

04 🖱　单击　选择红色

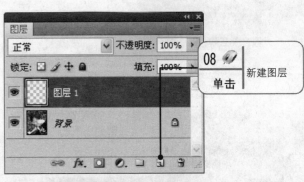

07 🖱　拖动　设置画笔"主直径"为 29px

06 🖱　单击　选择"画笔工具"

08 🖱　单击　新建图层

09 🖱　拖动　在眼皮上涂抹红色

10 🖱　拖动　在眼皮上涂抹紫红色

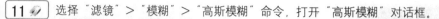

11 🖱 　选择"滤镜" > "模糊" > "高斯模糊"命令，打开"高斯模糊"对话框。

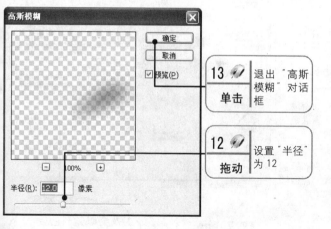

13 🖱
单击
退出"高斯模糊"对话框

12 🖱
拖动
设置"半径"为12

设置高斯模糊后的效果

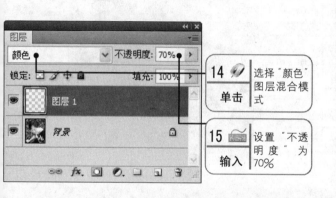

14 🖱
单击
选择"颜色"图层混合模式

15 ⌨
输入
设置"不透明度"为70%

设置眼影后的效果

5.1.4　让眼镜变色

　　眼镜的颜色有很多，哪种颜色适合自己？让 Photoshop 来告诉你。让眼镜变色的具体操作方法如下。

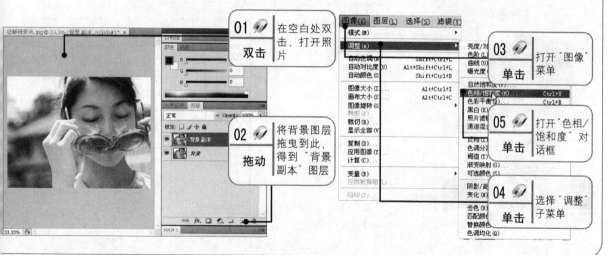

01 🖱
双击
在空白处双击，打开照片

02 🖱
拖动
将背景图层拖曳到此，得到"背景副本"图层

03 🖱
单击
打开"图像"菜单

04 🖱
单击
选择"调整"子菜单

05 🖱
单击
打开"色相/饱和度"对话框

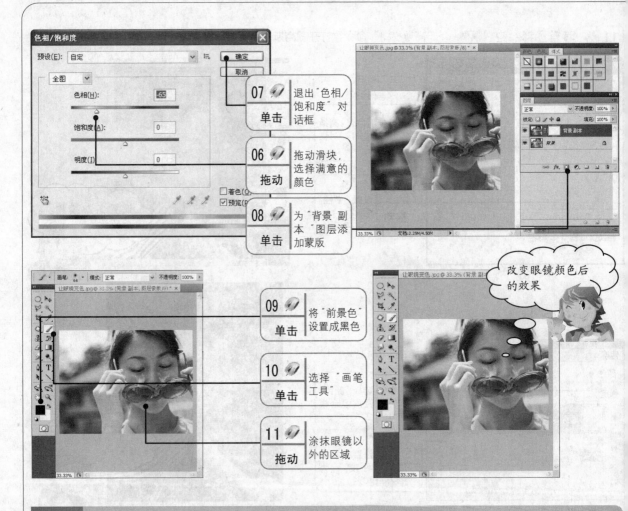

5.1.5　修整眼形

　　有些人的眼睛不是很有神，眼角向下。如果对自己的眼睛不满意，那么请看看本节如何修整眼形。观察下面的素材图片不难发现，两个眼睛的大小及形状都有所不同，这就需要对眼形进行适当调整，具体操作方法如下。

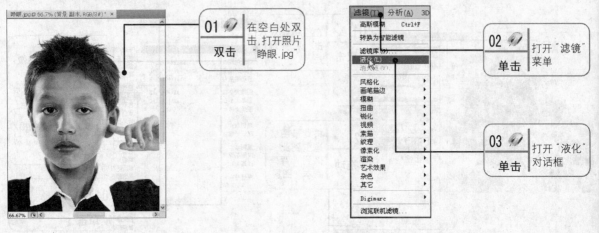

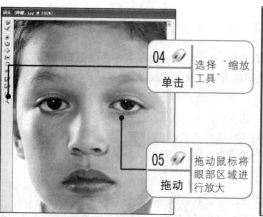

04 单击　选择"缩放工具"

05 拖动　拖动鼠标将眼部区域进行放大

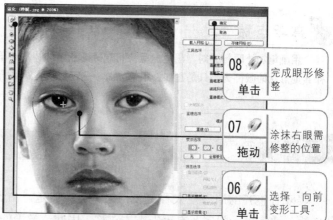

08 单击　完成眼形修整

07 拖动　涂抹右眼需修整的位置

06 单击　选择"向前变形工具"

使用"向前变形工具"修整另一只眼睛，此图是最终效果

高手点拨

在"液化"对话框中用"向前变形工具"修整眼形时，要适当调整画笔大小，涂抹需要修整的位置，同时还要注意周围图像的变化。

5.1.6　加补眼神光

拍摄人物面部特写时，如果眼睛中没有反光，就会显得人萎靡不振。下面介绍给人物加补眼神光的方法，其具体的操作如下。

01　在 Photoshop CS4 中打开一张人物照片"加补眼神光.jpg"。

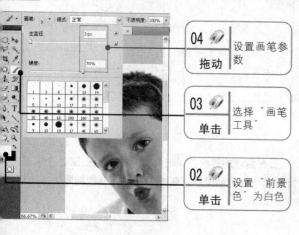

04 拖动　设置画笔参数

03 单击　选择"画笔工具"

02 单击　设置"前景色"为白色

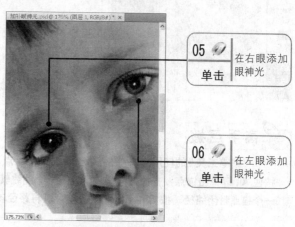

05 单击　在右眼添加眼神光

06 单击　在左眼添加眼神光

用画笔加补眼神光时，画笔的笔头可选择圆点型加补单点眼神光，也可以用其他图案作为画笔的笔头，加补其他形状的眼神光。只是在加补眼神光时，一定要注意调整画笔的大小以及画笔的硬度。

5.1.7 修眉

美观且整齐的眉毛使人看上去神采奕奕。但是，由于东方人体质的缘故，多数人眉毛稀疏并且比较短，通常短于眼尾，看上去不太对称。因此，爱美的读者可以利用 Photoshop 来修整眉毛，其具体操作方法如下。

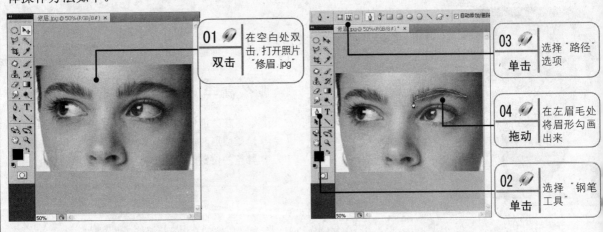

01 双击 在空白处双击，打开照片"修眉.jpg"

03 单击 选择"路径"选项

04 拖动 在左眉毛处将眉形勾画出来

02 单击 选择"钢笔工具"

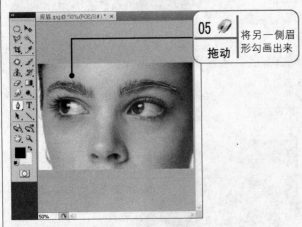

05 拖动 将另一侧眉形勾画出来

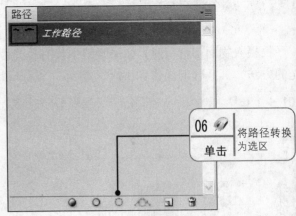

06 单击 将路径转换为选区

"钢笔工具"的使用方法：在图像上单击确定起点，然后在曲线的转折处单击并拖动鼠标得到第 2 个锚点，按住 Alt 键单击锚点，去掉方向线，再在下一个曲线转折处单击并拖动鼠标，依此类推，在曲线结尾处单击第一个锚点封闭路径。按 Ctrl+Enter 快捷键可以将路径转换为选区。

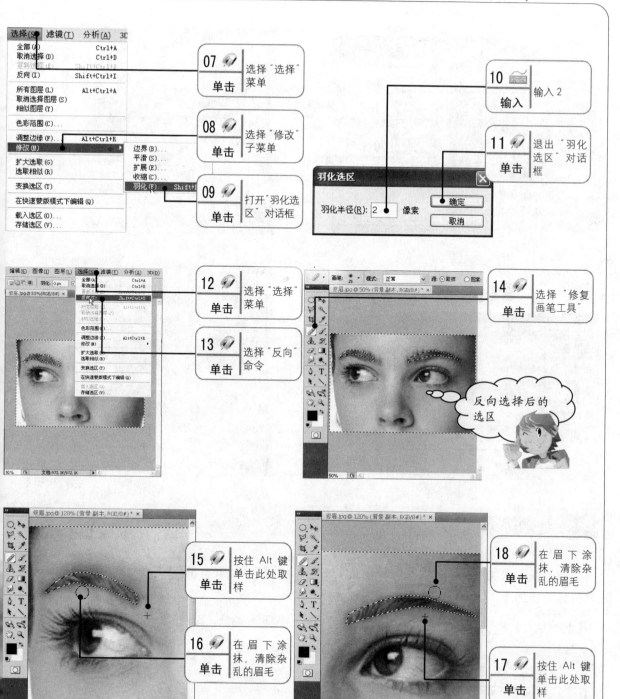

07 单击　选择"选择"菜单

08 单击　选择"修改"子菜单

09 单击　打开"羽化选区"对话框

10 输入　输入2

11 单击　退出"羽化选区"对话框

羽化选区

羽化半径(R)：2 像素　确定　取消

12 单击　选择"选择"菜单

13 单击　选择"反向"命令

14 单击　选择"修复画笔工具"

反向选择后的选区

15 单击　按住 Alt 键单击此处取样

16 单击　在眉下涂抹，清除杂乱的眉毛

17 单击　按住 Alt 键单击此处取样

18 单击　在眉下涂抹，清除杂乱的眉毛

高手点拨

　　使用"钢笔工具"勾画眉形前，一定要注意，首先应在属性栏中选择"路径"选项，以免勾画的路径被前景色填充。

　　勾画眉形要注意标准眉形的特征：1.眉头与眼头的位置呈平行线；2.眉峰与眼球外圆部位呈平直线；3.眉毛和眼尾、鼻翼呈斜直线；4.眉峰处要呈现最自然的幅度，多余眉毛要清除。

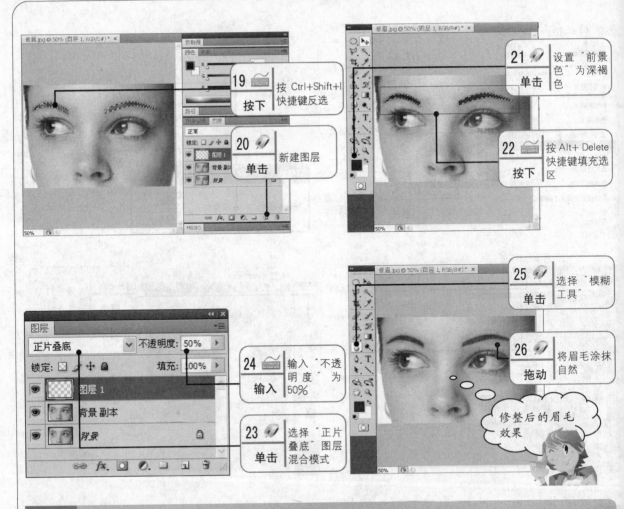

19 按下 | 按 Ctrl+Shift+I 快捷键反选

20 单击 | 新建图层

21 单击 | 设置"前景色"为深褐色

22 按下 | 按 Alt+ Delete 快捷键填充选区

24 输入 | 输入"不透明度"为50%

23 单击 | 选择"正片叠底"图层混合模式

25 单击 | 选择"模糊工具"

26 拖动 | 将眉毛涂抹自然

修整后的眉毛效果

5.1.8 消除眼袋

再漂亮的人物照片，如果有眼袋也是个缺陷，可用 Photoshop 消除眼袋。为人物消除眼袋的具体操作方法如下。

01 在 Photoshop CS4 中打开素材照片"眼袋.jpg"，按 Ctrl+J 快捷键复制图层。

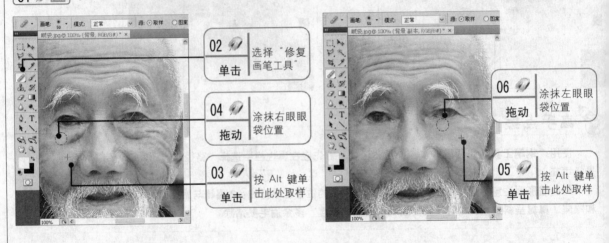

02 单击 | 选择"修复画笔工具"

04 拖动 | 涂抹右眼眼袋位置

03 单击 | 按 Alt 键单击此处取样

06 拖动 | 涂抹左眼眼袋位置

05 单击 | 按 Alt 键单击此处取样

07 设置"不透明度"为 80%

输入

消除眼袋后的眉毛效果

高手点拨

在消除眼袋时要注意，老年人有少许眼袋是很正常的，在消除干净眼袋后，调整不透明度显示一些眼袋，这样看上去更自然。如果是年轻人因为睡眠不足造成的眼袋，是可以消除完整的。不管是老年人还是年轻人，重要的是修整后的照片看起来要很自然、好看。

5.2　脸形矫正

几乎每个人都对自己的脸形不太满意，做美容整形风险又太大，用 Photoshop 修整脸形就什么顾虑都没有，一会儿工夫就可以塑造出想要的脸形。

5.2.1　修整脸形

这里用一张小朋友的照片来介绍修整脸形的方法，其具体操作方法如下。

01　在 Photoshop CS4 中打开素材照片"修整脸形.jpg"，按 Ctrl+J 快捷键复制图层。

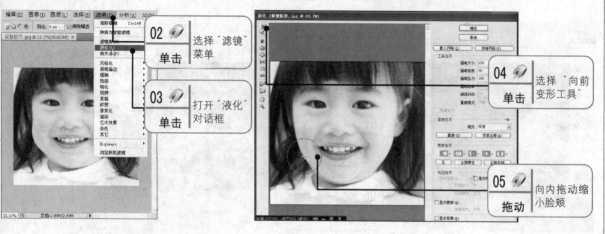

02 单击　选择"滤镜"菜单

03 单击　打开"液化"对话框

04 单击　选择"向前变形工具"

05 拖动　向内拖动缩小脸颊

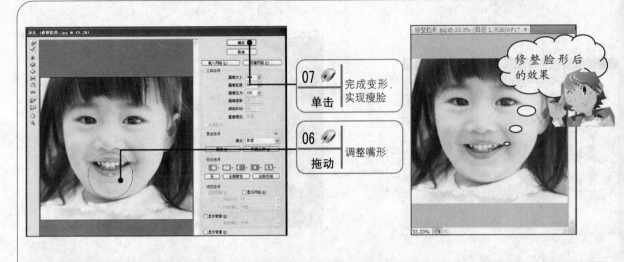

5.2.2　消除脸部胎记

脸部有胎记拍照后肯定也能看得出来，特别是像现在用的数码相机。那么消除脸部疤痕就很必要了。消除脸部胎记的具体操作方法如下。

01 在 Photoshop CS4 中打开一张素材照片"消除脸上的胎记.jpg"。

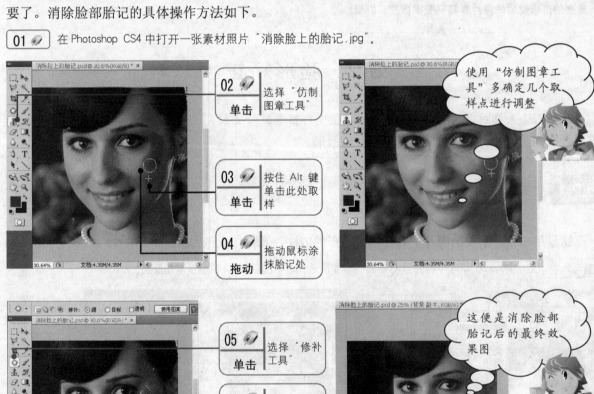

5.3　嘴部矫正

　　爱美之心人皆有之。就算是一张照片也希望拍得漂亮些，但前期拍出来的照片不可能很完美，这需要一些后期处理。在后期处理中包括了嘴部的矫正，嘴部矫正又包括勾唇形、修整唇形、变换嘴唇颜色、矫正牙齿、矫正嘴唇和人中等。

5.3.1　修整唇形

　　每个人的唇形都不可能是一样的，有的照片中人物嘴唇与脸形及其他部位不太谐调，这就需要在勾出唇形后再对唇形进行修整，修整唇形的操作方法如下。

01 在 Photoshop CS4 中打开一张照片〝修整唇形.jpg〞。

02 选择〝滤镜〞>〝液化〞命令，打开〝液化〞对话框。

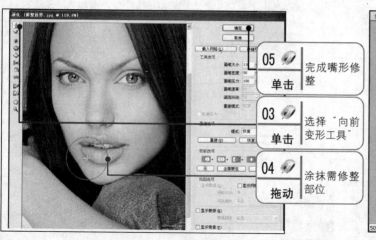

05 单击　完成嘴形修整

03 单击　选择〝向前变形工具〞

04 拖动　涂抹需修整部位

修整后的嘴唇漂亮多了

高手点拨

　　在〝液化〞滤镜中只能拖动需要修改的部位，修整画笔的大小也决定了变形的效果，如果笔太大可能会拖动不需修改的位置，笔太小则使图像修改位置产生复杂的变形，因此液化笔头一定要选择一个合适的大小并用力均匀的拖动修整。

5.3.2　变换嘴唇的颜色

　　照片中人物嘴唇的颜色是可以随便变换的，其具体操作方法如下。

01 在 Photoshop CS4 中打开一张照片〝变换嘴唇的颜色.jpg〞。

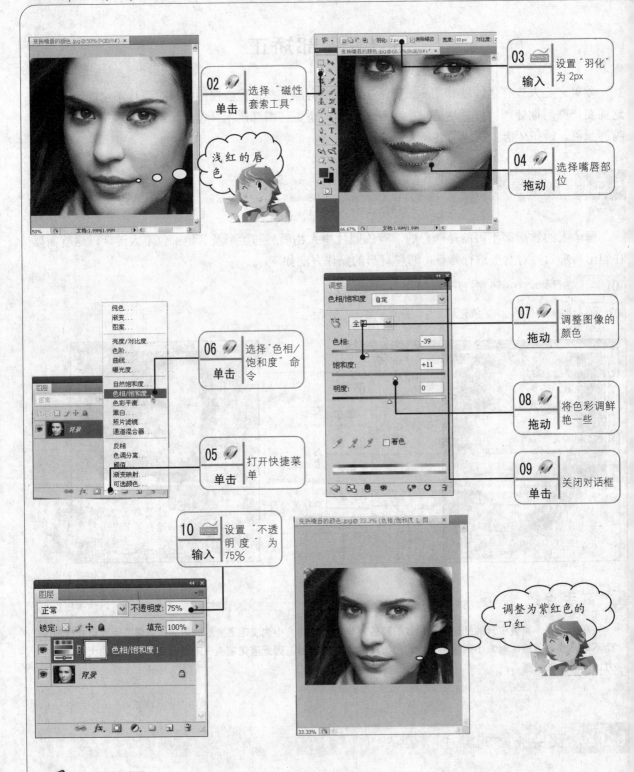

5.3.3　为小孩修补缺牙

在 6~12 岁都属于换牙期，拍出来的照片大多都有缺牙的现象。现在利用 Photoshop 为小孩子修补缺牙，其具体操作方法如下。

01 在 Photoshop CS4 中打开一张小孩子照片 "为小孩补缺牙.jpg"。

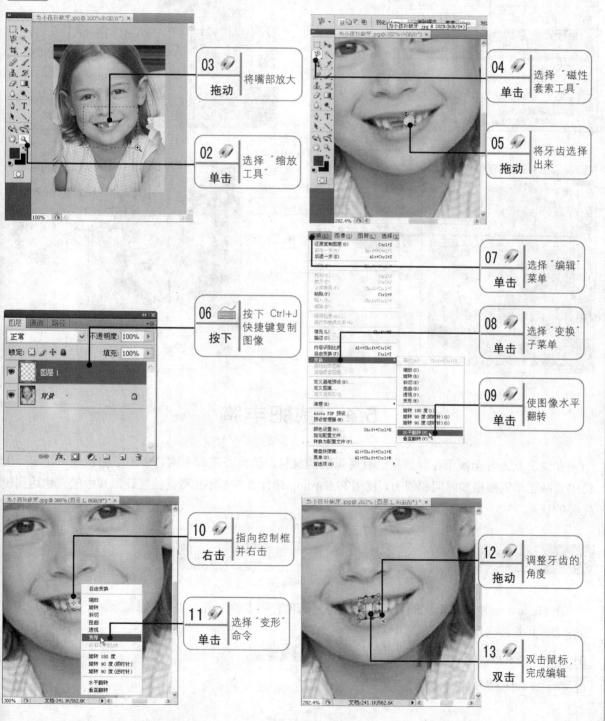

03 拖动　将嘴部放大

02 单击　选择 "缩放工具"

04 单击　选择 "磁性套索工具"

05 拖动　将牙齿选择出来

06 按下　按下 Ctrl+J 快捷键复制图像

07 单击　选择 "编辑" 菜单

08 单击　选择 "变换" 子菜单

09 单击　使图像水平翻转

10 右击　指向控制框并右击

11 单击　选择 "变形" 命令

12 拖动　调整牙齿的角度

13 双击　双击鼠标，完成编辑

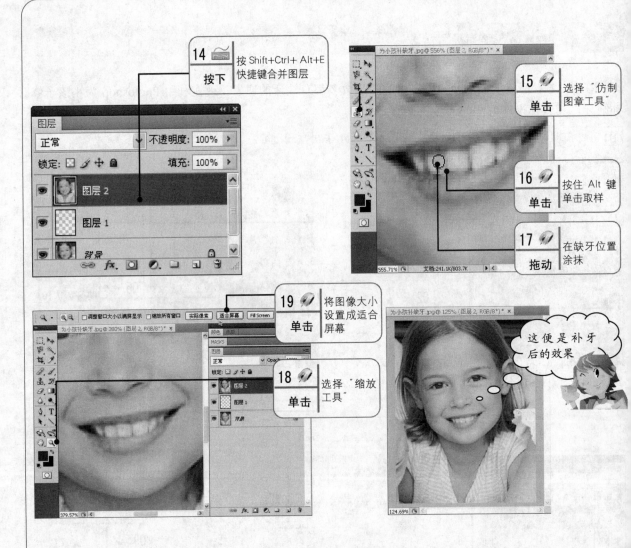

5.4　减肥丰胸

女性朋友无时无刻不在梦想自己有魔鬼般的身材，因此减肥和丰胸是少不了的话题。在实际生活中要减肥却需要很多时间和毅力，使用 Photoshop 却什么苦都不用受，就能让照片中的人物达到较完美的状态。

5.4.1　快速减肥

在 Photoshop 中实现减肥的目的很简单，方法也有很多种，用"液化"滤镜来减肥是简单且快速的方法，其具体操作如下。

01　在 Photoshop CS4 中打开一张数码人物照片"快速减肥.jpg"。

02　按 Ctrl+J 快捷键复制图像。

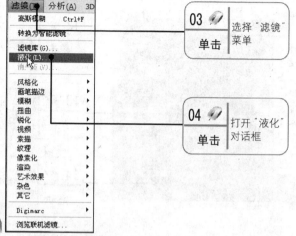

素材人物腰部明显过胖

| 03 | 选择"滤镜"菜单 |
| 单击 | |

| 04 | 打开"液化"对话框 |
| 单击 | |

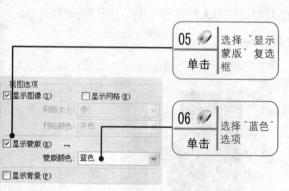

| 05 | 选择"显示蒙版"复选框 |
| 单击 | |

| 06 | 选择"蓝色"选项 |
| 单击 | |

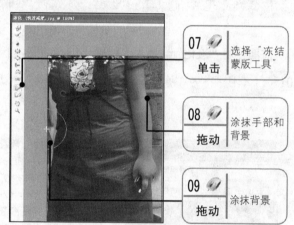

| 07 | 选择"冻结蒙版工具" |
| 单击 | |

| 08 | 涂抹手部和背景 |
| 拖动 | |

| 09 | 涂抹背景 |
| 拖动 | |

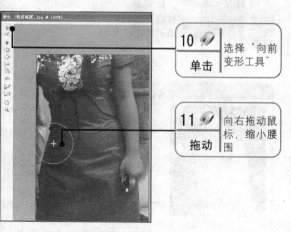

| 10 | 选择"向前变形工具" |
| 单击 | |

| 11 | 向右拖动鼠标,缩小腰围 |
| 拖动 | |

调整后的腰小了,但是正面仍然可以看到脂肪堆积

高手点拨

默认蒙版是红色的,因为照片中人物的衣服也是红色,因此要重新设置蒙版的颜色。使用蒙版的目的是把背景和手部保护起来,以免使用变形工具减肥时使背景和手部变形。

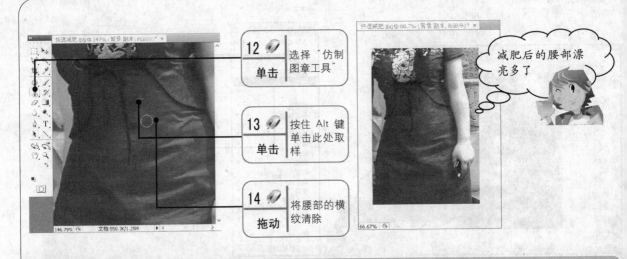

12 单击　选择"仿制图章工具"

13 单击　按住 Alt 键单击此处取样

14 拖动　将腰部的横纹清除

减肥后的腰部漂亮多了

5.4.2　快速丰胸

前面使用"液化"滤镜对人物腰部进行减肥，下面看看如何对人物进行丰胸，其具体操作方法如下。

01　在 Photoshop CS4 中打开一张数码人物照片"快速丰胸.jpg"。

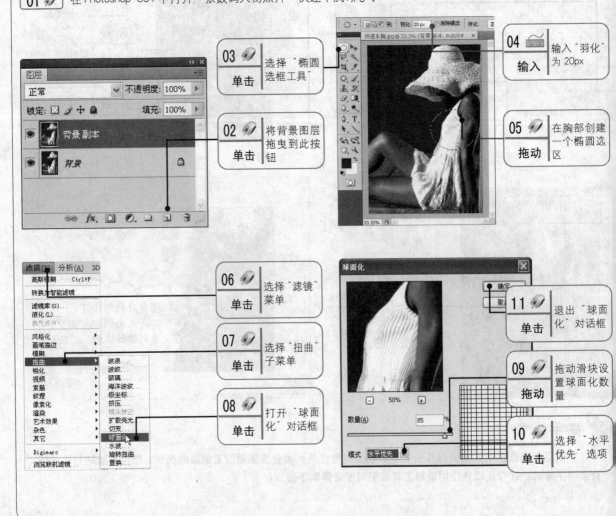

02 单击　将背景图层拖曳到此按钮

03 单击　选择"椭圆选框工具"

04 输入　输入"羽化"为 20px

05 拖动　在胸部创建一个椭圆选区

06 单击　选择"滤镜"菜单

07 单击　选择"扭曲"子菜单

08 单击　打开"球面化"对话框

09 拖动　拖动滑块设置球面化数量

10 单击　选择"水平优先"选项

11 单击　退出"球面化"对话框

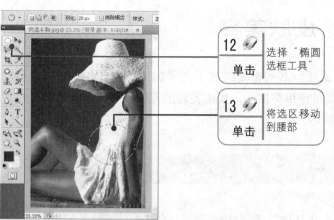

12 单击 选择"椭圆选框工具"

13 单击 将选区移动到腰部

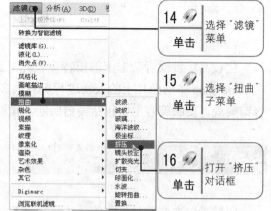

14 单击 选择"滤镜"菜单

15 单击 选择"扭曲"子菜单

16 单击 打开"挤压"对话框

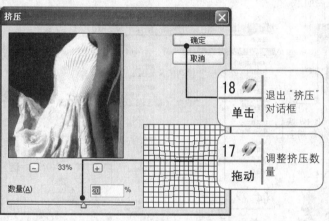

18 单击 退出"挤压"对话框

17 拖动 调整挤压数量

19 单击 为"背景副本"图层添加蒙版

21 单击 选择"画笔工具"

20 单击 设置"前景色"为黑色

22 拖动 涂抹手臂，恢复球面化的变形

丰胸后的效果

高手点拨

如果对使用"挤压"和"球面化"滤镜制作的效果不满意，可以使用"液化"滤镜再次进行调整。

5.5　皮肤美容

化妆品广告或者杂志上的模特皮肤光滑柔嫩，其实都是经过了艺术加工，比真人要漂亮许多。在 Photoshop 中给照片上的人物进行美容大多是使用磨皮法，其实美容的方法很多，关键是要把照片修饰美观。皮肤美容主要包括美白肌肤、嫩肤等。

5.5.1　美白肌肤

肌肤美白主要是对皮肤的颜色进行调整，其具体操作方法如下。

01 在 Photoshop CS4 中打开一张人物照片 "美白肌肤.jpg"。

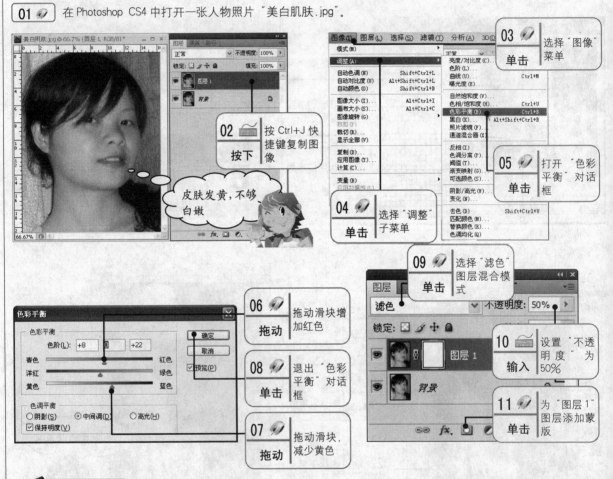

高手点拨

　　使用 "色彩平衡" 命令的目的是去除皮肤中过多的黄色，并且添加了一点红色，使皮肤看上去红润有光泽。调整颜色后，需要将皮肤调整得比较白皙，使用 "滤色" 图层混合模式是比较好的方法，也可以使用 "曲线" 命令或者 "减淡工具" 来调整。

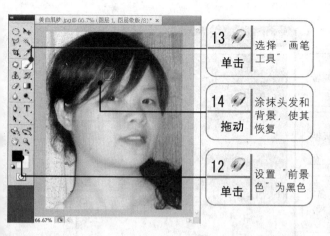

13 单击	✎	选择"画笔工具"
14 拖动	✎	涂抹头发和背景,使其恢复
12 单击	✎	设置"前景色"为黑色

调整后的肌肤是不是白嫩了呢

高手点拨

使用图层混合模式将人物图像变白以后,细心的读者会发现,头发和背景也变白了,看起来像曝光过度一样,因此,最后要使用图层蒙版将背景和头发颜色恢复到使用图层混合模式之前。

5.5.2 嫩肤

给照片中的人物美白后,肤色虽然得到了改善,但是肤质却没有变化,而本例所讲的嫩肤,正了为了使皮肤变得白嫩,其具体操作方法如下。

01 ✎ 在 Photoshop CS4 中打开一张人物照片"嫩肤.jpg"。

脸上有很多皱纹、粉刺和雀斑

02 按下 按 Ctrl+J 快捷键复制图层

高手点拨

嫩肤的基本思路是先将所有图像模糊处理,这样就把人物脸上的皱纹、粉刺和雀斑都模糊掉了,但是这样处理也使应该清晰显示的眼、口、鼻等也模糊了,因此,后面就要使用蒙版,将需要清晰显示的部位还原就可以了。如果觉得蒙版不好理解,可以使用"橡皮擦工具"擦除,缺点是擦除后不能再恢复,而蒙版可以随意调整,不会删除图像。

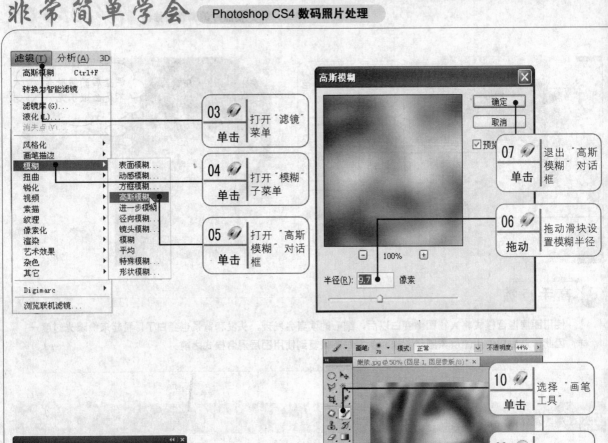

滤镜(T) 分析(A) 3D

高斯模糊　Ctrl+F
转换为智能滤镜
滤镜库(G)...
液化(L)...
消失点(V)...

风格化
画笔描边
模糊
扭曲
锐化
视频
素描
纹理
像素化
渲染
艺术效果
杂色
其它

Digimarc

浏览联机滤镜...

表面模糊...
动感模糊...
方框模糊...
高斯模糊
进一步模糊
径向模糊...
镜头模糊...
模糊
平均
特殊模糊...
形状模糊...

高斯模糊

确定
取消
☑ 预览

半径(R): 9.7 像素
100%

03 打开"滤镜"菜单　单击

04 打开"模糊"子菜单　单击

05 打开"高斯模糊"对话框　单击

07 退出"高斯模糊"对话框　单击

06 拖动滑块设置模糊半径　拖动

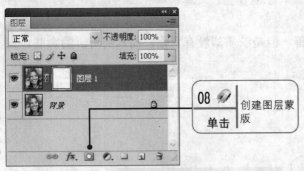

图层

正常　不透明度: 100%
锁定: 　填充: 100%

图层 1
背景

08 创建图层蒙版　单击

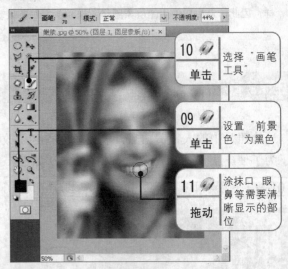

画笔: 70　模式: 正常　不透明度: 44%
嫩肤.jpg @ 50%(图层 1, 图层蒙版 /8)*

10 选择"画笔工具"　单击

09 设置"前景色"为黑色　单击

11 涂抹口、眼、鼻等需要清晰显示的部位　拖动

50%

画笔: 70　模式: 正常　不透明度: 44%
嫩肤.jpg @ 50%(图层 1, 图层蒙版 /8)*

12 涂抹眼、鼻、背景等要清晰显示的部位　拖动

50%

嫩肤.jpg @ 66.7%(图层 1, 图层蒙版 /8)*

这就是嫩肤后的最终效果图

66.67%

5.6　其他部位的修饰

　　对照片中人物的主要组成部位基本都能进行矫正及修饰了，接下来该修饰人物的其他部位。主要包括改变衣服或其他物品的颜色、添加首饰、染发等。

5.6.1　改变耳机的颜色

　　我们对照片的构图常常比较注意主体与陪体的位置，其实颜色的搭配也很重要，照片中人物衣服或者配饰的色彩往往起到画龙点睛的作用。改变配饰的颜色，可以给人以不同的感觉，随着心情、表情调一下配饰的颜色，会给人带来意料之外的惊喜。本例用 Photoshop 改变照片中人物佩戴的耳机颜色的同时，还能保证耳机的阴影不受影响，其具体操作方法如下。

01　在 Photoshop CS4 中打开一张数码人物照片"改变耳机的颜色.jpg"。

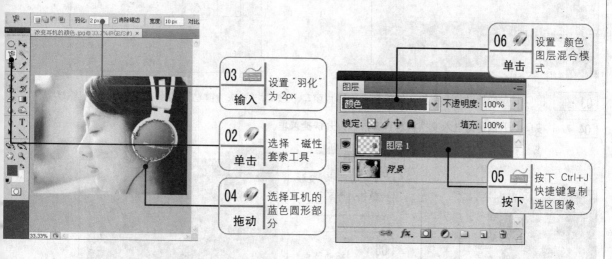

07　选择"图像">"调整">"色相/饱和度"命令，打开"色相/饱和度"对话框。

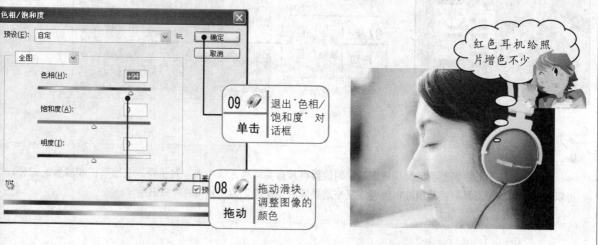

5.6.2　添加首饰

换了耳机颜色再为美丽女孩添加一个首饰吧。为女孩添加首饰的具体操作方法如下。

01 　在 Photoshop CS4 中打开一张首饰照片"项链.tif"和一张女孩照片"添加首饰.jpg"。

02 单击　按住 Ctrl 键单击缩略图载入图层选区

03 　按 Ctrl+C 快捷键复制图像，切换到人物照片窗口，按 Ctrl+V 快捷键粘贴图像。

04 　按 Ctrl+T 快捷键进入变换状态，右击，打开快捷菜单。

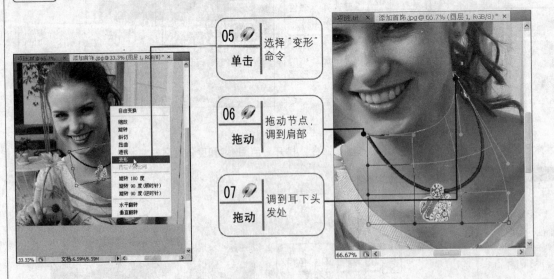

05 单击　选择"变形"命令

06 拖动　拖动节点，调到肩部

07 拖动　调到耳下头发处

高手点拨

使用"变形"命令调整项链，要根据颈项的位置将其真实地放在颈项上，对于两端超出下巴和肩膀的部分，可以使用"橡皮擦工具"将其擦除，但要注意一定要使用"硬度"为 100%的笔头来擦。

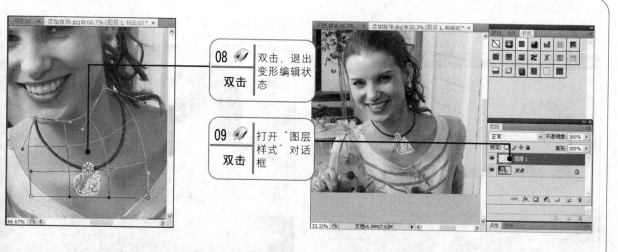

5.6.3 染发

照片中人物的头发也可以换颜色，也就是所说的染发，为人物头发染上其他颜色的具体操作方法如下。

`01` 在 Photoshop CS4 中打开一张照片"染发.jpg"，切换到"通道"面板，复制"绿"通道为"绿 副本"通道。

02 选择"图像">"调整">"色阶"命令，打开"色阶"对话框。

04 单击 退出"色阶"对话框

03 拖动 拖动滑块，增加图像的对比度

06 单击 选择"画笔工具"

05 单击 设置"前景色"为白色

07 拖动 将头发以外的部位涂抹成白色

08 单击 打开"图像"菜单

09 单击 打开"调整"子菜单

10 单击 选择"反相"命令

反相后，载入绿副本通道的选区

12 单击 切换到 RGB 通道

11 单击 按 Ctrl 键单击，调出选区

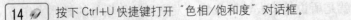

13 单击"图层"选项卡，切换到"图层"面板，可见已经载入了"绿 副本"通道的选区。

14 按下 Ctrl+U 快捷键打开"色相/饱和度"对话框。

切换到图层面板，可见载入的头发选区

17 单击 退出"色相/饱和度"对话框

16 拖动 拖动滑块，调整头发的颜色

15 单击 选择"着色"复选框

头发由黑色变成了红褐色

高手点拨

在通道中抠取头发时，尽量选择环境颜色与头发反差较大的通道，然后可以适当调整一下亮度和对比度，然后再用白色画笔涂抹不需要的部分。在通道中，白色部分是选中的部分，本例要选中头发，因此要执行"反相"命令将头发转为白色。

进 阶 提 高 —— 技能拓展内容

通过对前面基础入门知识的学习，相信初学者已经掌握好人物照片调整与修饰操作的相关基础知识。为了进一步提高用户操作软件的技能，下面介绍与本章内容相关的一些操作技巧。

技巧01：让老人年轻20岁

本技巧主要讲解如何去除人物脸上的皱纹、眼袋和老年斑，在前面的基础知识中也讲到过相关知识，其具体的操作方法如下。

01 在 Photoshop CS4 中打开一张人物照片"让老人年轻20岁.jpg"。

02 按 Ctrl+J 快捷键复制图像。

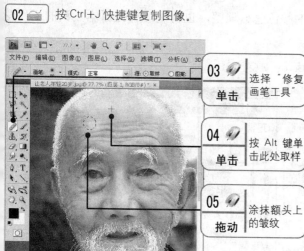

03 单击 选择"修复画笔工具"

04 单击 按 Alt 键单击此处取样

05 拖动 涂抹额头上的皱纹

涂抹后皮肤上有些颜色融合得不太好

06 拖动 涂抹脸部其他部位的皱纹

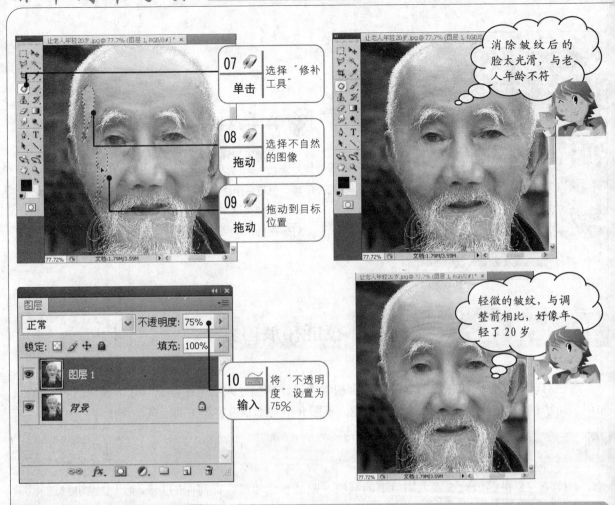

技巧 02: 为人物美白牙齿

前面介绍了调整皮肤的颜色，现在看看牙齿的颜色怎么调整，也就是怎么把原本黄黄的牙齿变成白色，其具体操作方法如下。

01 在 Photoshop CS4 中打开一张人物照片"美白牙齿.jpg"。

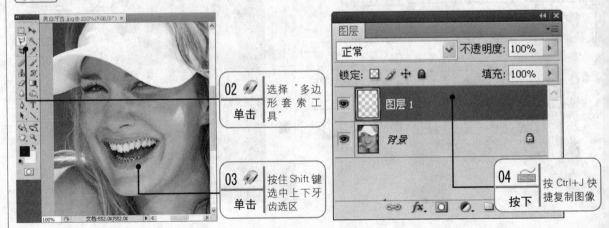

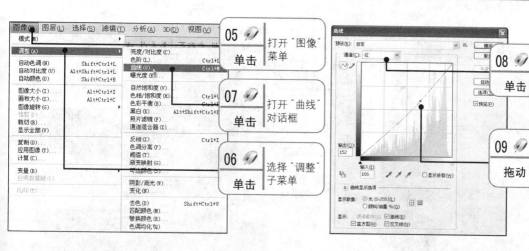

05	打开"图像"菜单
07	打开"曲线"对话框
06	选择"调整"子菜单
08	选择"红"选项
09	向下拖动曲线，减少红色

10	选择"蓝"选项
11	向上拖动曲线，增加蓝色
12	退出"曲线"对话框

调整后的牙齿变得雪白，很漂亮吧

技巧 03：为人物化淡妆

前面介绍了修眉、画眼线、美白肌肤以及变换嘴唇的颜色等，下面就利用这些知识给人物化个淡妆，其具体操作方法如下。

| 01 | 在 Photoshop CS4 中打开一张人物照片"化淡妆.jpg"。 |

素材照片中眉毛杂乱、皱纹明显、皮肤黑黄

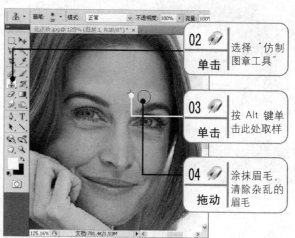

02	选择"仿制图章工具"
03	按 Alt 键单击此处取样
04	涂抹眉毛，清除杂乱的眉毛

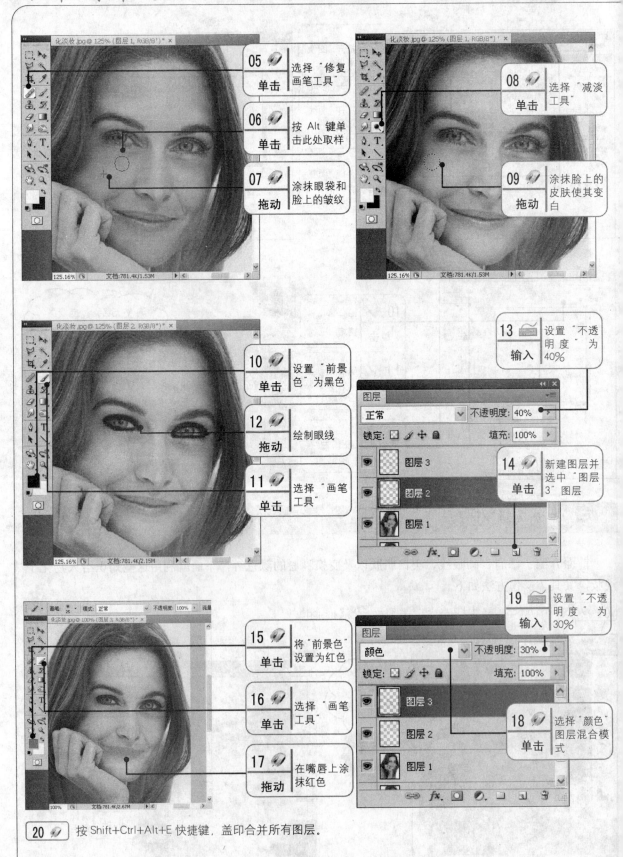

05 单击　选择"修复画笔工具"

06 单击　按 Alt 键单击此处取样

07 拖动　涂抹眼袋和脸上的皱纹

08 单击　选择"减淡工具"

09 拖动　涂抹脸上的皮肤使其变白

10 单击　设置"前景色"为黑色

12 拖动　绘制眼线

11 单击　选择"画笔工具"

13 输入　设置"不透明度"为 40%

14 单击　新建图层并选中"图层3"图层

15 单击　将"前景色"设置为红色

16 单击　选择"画笔工具"

17 拖动　在嘴唇上涂抹红色

19 输入　设置"不透明度"为 30%

18 单击　选择"颜色"图层混合模式

20 　按 Shift+Ctrl+Alt+E 快捷键，盖印合并所有图层。

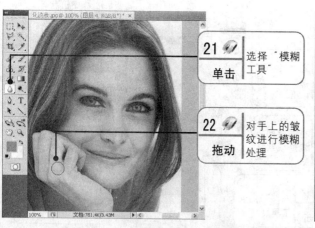

21 单击 选择"模糊工具"

22 拖动 对手上的皱纹进行模糊处理

化淡妆后,人物是不是漂亮多了

技巧04: 为人物化彩妆

彩妆包括生活妆、宴会妆、透明妆、烟熏妆、舞台妆等,彩妆能改变形象,使其更漂亮,更令人关注。本例使用 Photoshop 给照片中的人物化个舞台彩妆,其具体操作步骤如下。

01 在 Photoshop CS4 中打开一张人物照片"彩妆1.jpg"和"彩妆2.tif",按 Ctrl+J 快捷键复制"背景"图层。

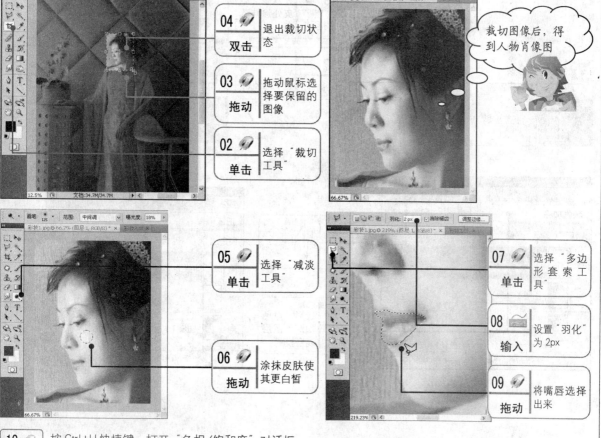

04 双击 退出裁切状态

03 拖动 拖动鼠标选择要保留的图像

02 单击 选择"裁切工具"

裁切图像后,得到人物肖像图

05 单击 选择"减淡工具"

06 拖动 涂抹皮肤使其更白皙

07 单击 选择"多边形套索工具"

08 输入 设置"羽化"为 2px

09 拖动 将嘴唇选择出来

10 按 Ctrl+U 快捷键,打开"色相/饱和度"对话框。

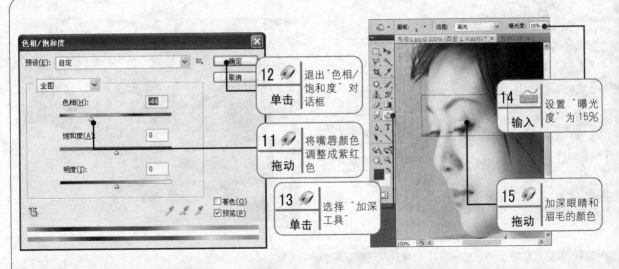

12 单击　退出"色相/饱和度"对话框

11 拖动　将嘴唇颜色调整成紫红色

13 单击　选择"加深工具"

14 输入　设置"曝光度"为15%

15 拖动　加深眼睛和眉毛的颜色

16 在"图层"面板上单击　按钮新建图层。

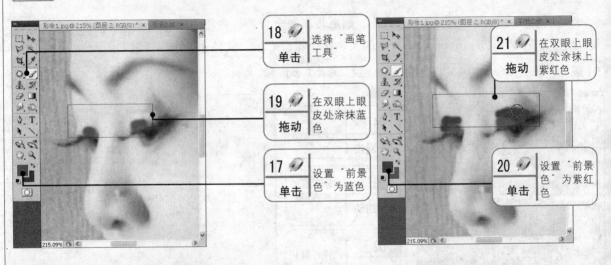

18 单击　选择"画笔工具"

19 拖动　在双眼上眼皮处涂抹蓝色

17 单击　设置"前景色"为蓝色

21 拖动　在双眼上眼皮处涂抹上紫红色

20 单击　设置"前景色"为紫红色

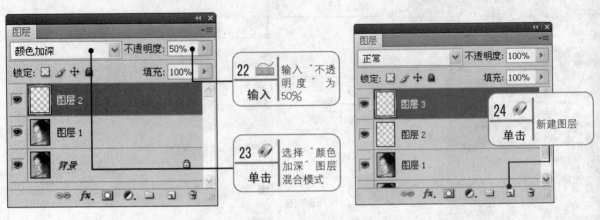

22 输入　输入"不透明度"为50%

23 单击　选择"颜色加深"图层混合模式

24 单击　新建图层

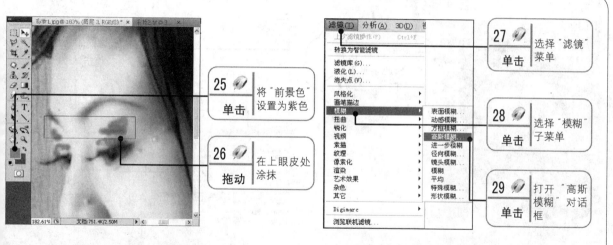

25 单击　将"前景色"设置为紫色

26 拖动　在上眼皮处涂抹

27 单击　选择"滤镜"菜单

28 单击　选择"模糊"子菜单

29 单击　打开"高斯模糊"对话框

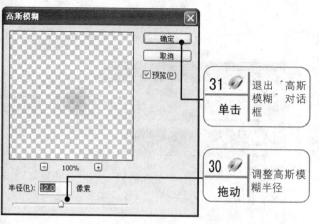

31 单击　退出"高斯模糊"对话框

30 拖动　调整高斯模糊半径

高斯模糊后的眼影效果

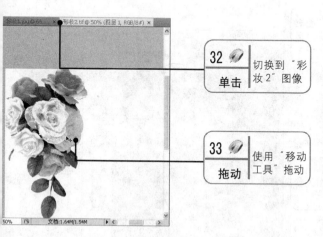

32 单击　切换到"彩妆2"图像

33 拖动　使用"移动工具"拖动

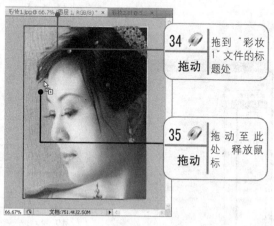

34 拖动　拖到"彩妆1"文件的标题处

35 拖动　拖动至此处，释放鼠标

高手点拨

　　"彩妆2.tif"素材已经将花朵选出来并且保存在"图层1"图层中，从这里可见 TIF 格式可以保存图层，而 JPG 格式的图像是无法保存图层的。如果在制作效果图的过程中需要将所有操作信息保存下来，如调整图层、填充图层、通道、蒙版、路径等，那就要将文件保存成 Photoshop 的专用格式 PSD。将花朵拖曳到"彩妆1.jpg"文件中，自动生成"图层4"图层。

花朵左边被裁掉了，因此要水平翻转一下

36 单击 选择"编辑"菜单

37 单击 选择"变换"子菜单

38 单击 选择"水平翻转"命令

39 按 Ctrl+T 快捷键进入自由变换编辑状态。

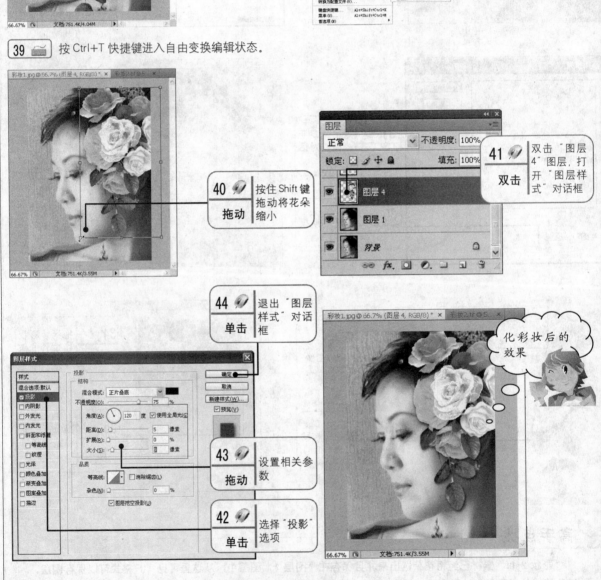

40 拖动 按住 Shift 键拖动将花朵缩小

41 双击 双击"图层4"图层，打开"图层样式"对话框

44 单击 退出"图层样式"对话框

化彩妆后的效果

42 单击 选择"投影"选项

43 拖动 设置相关参数

高手点拨

设置投影之前，首先要观察照片的光源方向，投影的方向要根据照片中的光源方向一致。

技巧 05：给黑白照片上色

使用 Photoshop 可以轻松地将黑白照片变成彩照，不用担心原始照片被破坏，而且修改起来也相当方便。给黑白照片上色的具体操作方法如下。

01 在 Photoshop CS4 中打开一张人物照片"给黑白照片上色.jpg"，按 Ctrl+J 快捷键复制背景图层。

03 单击 单击"路径"按钮

04 拖动 将脸部、颈部和手选择出来

02 单击 选择"钢笔工具"

05 按下 按 Ctrl+Enter 快捷键将路径转换为选区

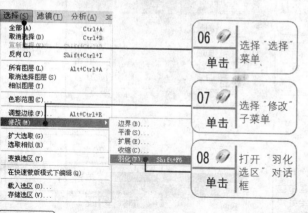

06 单击 选择"选择"菜单

07 单击 选择"修改"子菜单

08 单击 打开"羽化选区"对话框

09 输入 输入 5

10 单击 退出"羽化选区"对话框

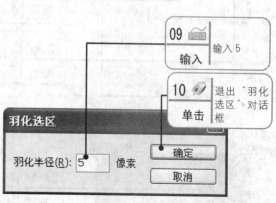

羽化选区

羽化半径(R): 5　像素

确定　取消

11 在工具箱中单击前景色，打开"拾色器（前景色）"对话框。

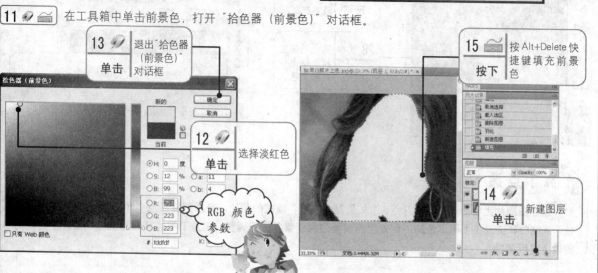

13 单击 退出"拾色器（前景色）"对话框

拾色器（前景色）

12 单击 选择淡红色

RGB 颜色参数

15 按下 按 Alt+Delete 快捷键填充前景色

14 单击 新建图层

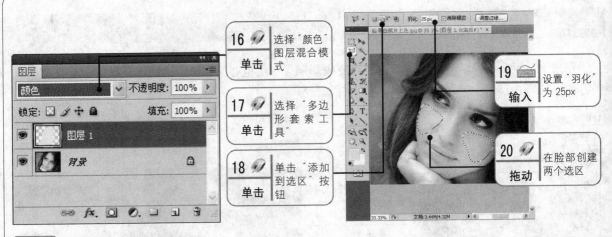

16 单击　选择"颜色"图层混合模式

17 单击　选择"多边形套索工具"

18 单击　单击"添加到选区"按钮

19 输入　设置"羽化"为 25px

20 拖动　在脸部创建两个选区

21 　按 Ctrl+M 快捷键打开"曲线"对话框。

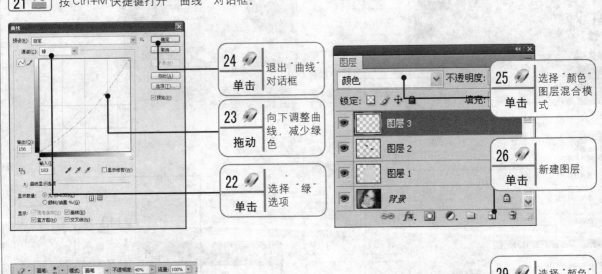

24 单击　退出"曲线"对话框

23 拖动　向下调整曲线，减少绿色

22 单击　选择"绿"选项

25 单击　选择"颜色"图层混合模式

26 单击　新建图层

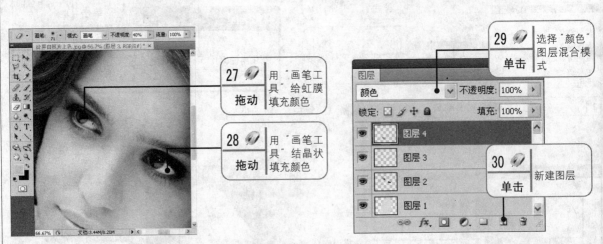

27 拖动　用"画笔工具"给虹膜填充颜色

28 拖动　用"画笔工具"结晶状填充颜色

29 单击　选择"颜色"图层混合模式

30 单击　新建图层

高手点拨

　　给黑白照片上色要注意下面几点：1.如果是"灰度"模式的照片，必须要转换成"RGB 颜色"模式才能上色。2.纯白和纯黑是上不了色的，因此上色前要注意观察并进行调整。3.为了不破坏原始图像，最好在复制的图像上进行调整。

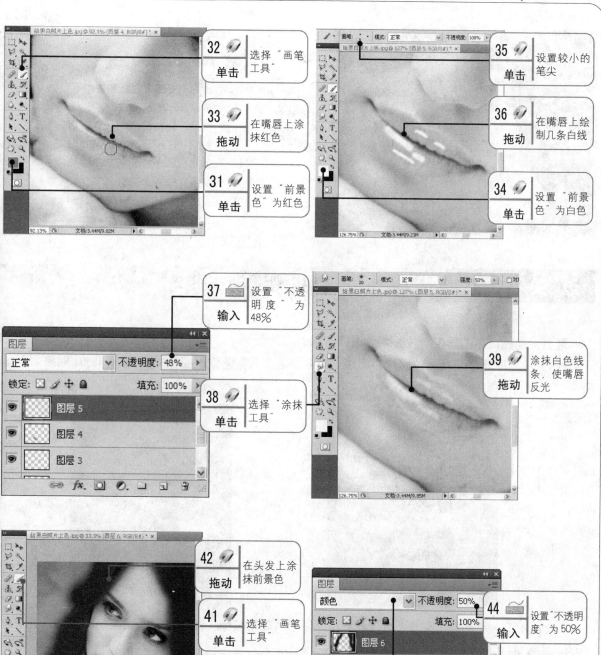

32 选择"画笔
单击　工具"

33 在嘴唇上涂
拖动　抹红色

31 设置"前景
单击　色"为红色

35 设置较小的
单击　笔尖

36 在嘴唇上绘
拖动　制几条白线

34 设置"前景
单击　色"为白色

37 设置"不透
输入　明度"为
　　　48%

38 选择"涂抹
单击　工具"

39 涂抹白色线
拖动　条，使嘴唇
　　　反光

42 在头发上涂
拖动　抹前景色

41 选择"画笔
单击　工具"

40 设置"前景
单击　色"为红褐
　　　色

44 设置"不透明
输入　度"为50%

43 选择"颜色"
单击　图层混合模
　　　式

🖊 **高手点拨**

　　无论是改变眼睛、嘴唇、头发、皮肤还是背景的颜色，都可以先填充一种颜色，然后设置图层混合模式为
"颜色"，如果觉得颜色太浓，可以调整图层的不透明度来减淡颜色。如果要再次改变颜色，可以直接调整这个
图层的"色相/饱和度"。记住，每次填充颜色都要新建一个图层。

上色后的照片效果

高手点拨

上色时各部分颜色参数如下。
皮肤：R253、G 219、B 219
嘴唇：R 196、G 116、B 146
虹膜：R 67、G148、B89
晶状体：R 175、G227、B217
头发：R 95、G25、B25
背景：R 159、G173、B154

过关练习 ——— 自我测试与实践

通过对前面内容的学习，按要求完成以下练习题。

（1）打开一张眼袋严重的照片，使用"修复画笔工具"清除眼袋。处理前后的对比效果如下图所示。

（2）打开一张雀斑严重的人物脸部特写，使用"高斯模糊"滤镜和图层蒙版消除雀斑。处理前后的对比效果如下图所示。

（3）打开一张面部黄黑的照片，使用"曲线"命令和"减淡工具"将皮肤调整白皙。处理前后的对比效果如下图所示。

（4）打开一张需要进行唇形调整的照片，然后使用"液化"滤镜中的"向前变形工具"对唇形进行调整。处理前后的对比效果如下图所示。

（5）打开一张闭了一只眼睛的照片，选择并复制睁开的眼睛，将其水平翻转后调整边缘图像，使照片中的闭眼变成睁眼。处理前后的对比效果如下图所示。

 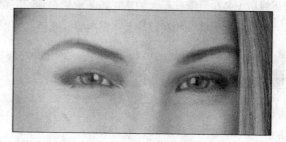

Chapter 06

风景照片的特殊处理

高手指引

丫丫业余喜欢拍一些风景及古屋遗址等照片。前段时间她又出去拍了一些不错的照片回来，但有些照片还是存在一定的缺陷，因此丫丫想用 Photoshop 进行处理一下。可是她对处理风景类照片的技巧还不太了解，因此她又找到了老王。

> 老王快帮帮我吧！

> 什么事呀？丫丫。

> 这儿天天气不好，你看我拍的照片，有很多遗憾呢。

> 其实这些照片拍得还不错，稍微调整一下就可以了，我们一起来处理吧！

> 好呀！

数码相机的普及给我们生活增添了无穷乐趣，然而若不是较好的相机和技术，拍回来的照片放到计算机上多少会有些不大如意，如灰蒙蒙、偏暗、画面整体有些多余或不协调、拍不到全景等情况。经过一些后期处理，如在照片上补充内容，或将几张照片合成达到想要的效果，解决因前期没拍好的遗憾。

学习要点

- ◆ 照片背景的去除方法
- ◆ 多张照片的合成技巧
- ◆ 制作特殊效果的焦点
- ◆ 特殊摄影效果的制作
- ◆ 特殊场景的制作

基础入门 —— 必知必会知识

6.1 照片的合成

　　有时为了抓拍瞬间的美丽，可能没有注意背景上有多余的物体破坏了画面，于是拍后只能用Photoshop 来进行一些后期处理，比如去除多余的物体，几张照片进行合成使之达到一定的特殊效果等。

6.1.1 去除背景

　　去除照片背景的方法很多，可以用选框工具选取背景部分然后删除的方式，也可以用图层蒙版等，不同的是蒙版只是隐藏了背景图像，而非删除图像。建议读者学习使用图层蒙版的方法去除背景，其具体的操作方法如下。

01 在 Photoshop CS4 中打开素材照片文件 "花儿.jpg" 和 "小狗.jpg"。

02 按 V 键切换到 "移动工具"，在 "小狗.jpg" 文件窗口中按住左键不放，将其拖到 "花儿.jpg" 文件窗口中并释放鼠标。

"花儿.jpg" 素材图像

"小狗.jpg" 素材图像

03 切换到 "通道" 面板，复制 "绿" 通道为 "绿 副本" 通道，按 Ctrl+L 快捷键打开 "色阶" 对话框。

选择反差明显的通道进行复制

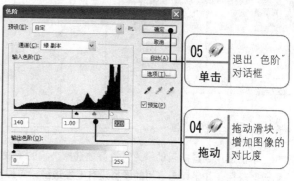

05 单击 退出 "色阶" 对话框

04 拖动 拖动滑块，增加图像的对比度

6.1.2 照片合成

读者查看上面去除背景后的效果图不难发现，小狗在鲜花背景上的效果不太真实，这就需要对蒙版进行调整，其具体操作方法如下。

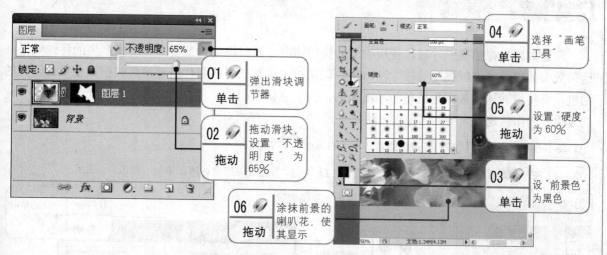

高手点拨

调低图层不透明度是为了能看到背景图层的图像。这个不透明度的值不是固定的，应根据具体图像编辑来调整，只要能看到背景图层图像即可，但小狗图层的图像也要能看到，这样才能更有利地去涂抹要显示背景的地方。用这种方法让有些地方显示小狗图像，有些地方显示背景图层的喇叭花，以衬托小狗躲在花丛之后的效果。用画笔在图层蒙版中涂抹需显示的背景图像时要细致，也可适当调整画笔的硬度使边缘能很好地过渡，让效果更真实，也可以使用"模糊工具"将边缘的毛发进行模糊处理。

6.2 制作特殊效果的焦点

焦点是镜头的概念，当对无限远对焦的时候，平行通过镜头的光线在焦平面上汇聚的那个点叫焦点。变焦有助于望远拍摄时放大远方物体，但是只有光学变焦可以支持图像主体成像后增加更多的像素，让主体不但变大，同时也相对更清晰。通常变焦倍数越大越适合用于望远拍摄，而一般在拍摄瞬间景物时来不及变焦，这时读者就可以利用 Photoshop 在后期处理过程中制作各种焦点效果。

6.2.1 急速效果

急速效果是在拍摄照片时，使用较慢的快门速度，同时迅速改变镜头焦距而产生的特殊效果，这种效果的照片给人以强烈的视觉冲击感。但是拍摄这种效果的照片需要很高的拍摄技术和较好的相机，直接用普通的数码相机是拍不出来的。为了强化照片的表现力，可以在后期处理中实现急速的效果。制作急速效果的具体操作方法如下。

01 在 Photoshop CS4 中打开素材照片文件"豹.jpg"。

02 按 L 键选择"磁性套索工具"，选择豹子，按 Ctrl+J 快捷键复制选区内图像到"图层 1"图层。

03 在"图层"面板中选择"背景"图层作为当前编辑层。

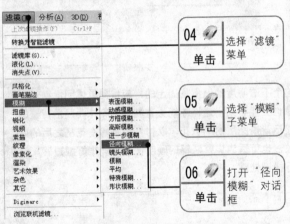
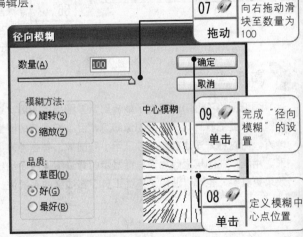

04 单击 选择"滤镜"菜单

05 单击 选择"模糊"子菜单

06 单击 打开"径向模糊"对话框

07 拖动 向右拖动滑块至数量为 100

09 单击 完成"径向模糊"的设置

08 单击 定义模糊中心点位置

10 选择"背景"图层按 Ctrl+J 快捷键复制"背景"图层，然后按 Ctrl+T 快捷键进入自由变换编辑状态。

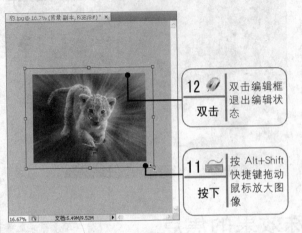

12 双击 双击编辑框退出编辑状态

11 按下 按 Alt+Shift 快捷键拖动鼠标放大图像

豹子脚上有一些草需要清除

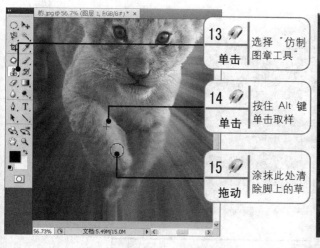

13 单击　选择"仿制图章工具"

14 单击　按住 Alt 键单击取样

15 拖动　涂抹此处清除脚上的草

这便是处理后的最终效果图

高手点拨

后面复制图层并将图像放大主要是为了让图像产生一种重影效果。此时图像不仅有模糊的动感效果，还有一定的重叠阴影效果，这样表现起来更真实。

6.2.2　动感效果

在抓拍动态照片时，捕捉的瞬间是静止不动的，所以呈现在照片中永远都是静态，而为了更好地表现照片中动的意境，可以在后期用 Photoshop 对照片进行动感效果的处理，其具体操作方法如下。

01　在 Photoshop CS4 中打开素材照片文件"豹1.jpg"。

02　按 Ctrl+J 快捷键复制"背景"图层。

背景模糊但没有运动感

豹子在运动

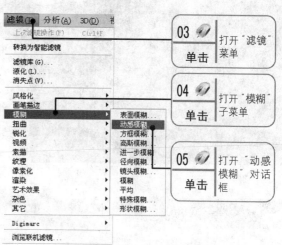

03 单击　打开"滤镜"菜单

04 单击　打开"模糊"子菜单

05 单击　打开"动感模糊"对话框

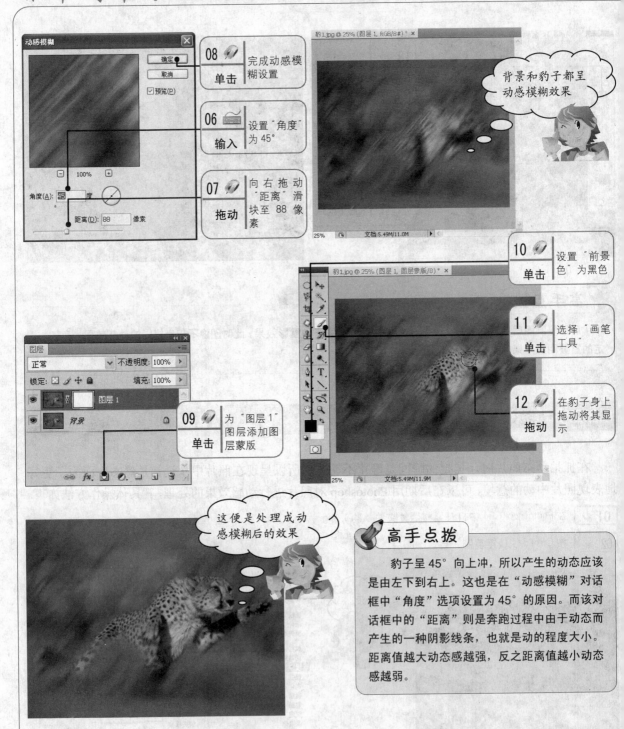

动感模糊

08 单击　完成动感模糊设置

06 输入　设置"角度"为45°

07 拖动　向右拖动"距离"滑块至88像素

角度(A): 45 度

距离(D): 88 像素

背景和豹子都呈动感模糊效果

10 单击　设置"前景色"为黑色

11 单击　选择"画笔工具"

12 拖动　在豹子身上拖动将其显示

图层

正常　不透明度: 100%

锁定: 图 ／ ＋ 鱼　填充: 100%

图层 1

背景

09 单击　为"图层1"图层添加图层蒙版

这便是处理成动感模糊后的效果

高手点拨

　　豹子呈45°向上冲，所以产生的动态应该是由左下到右上。这也是在"动感模糊"对话框中"角度"选项设置为45°的原因。而该对话框中的"距离"则是奔跑过程中由于动态而产生的一种阴影线条，也就是动的程度大小。距离值越大动态感越强，反之距离值越小动态感越弱。

6.2.3　景深效果

　　眼睛看物体时会聚焦到某一个点上，而不在聚焦上的物体就会在视线上变得有些模糊。而相机的镜头却不一样，它完全将镜头内所有的影像呈现出来，当然，有些镜头也可以拍出很有层次感的景象。但大多非专业的数码相机都是做不到的，这就必须用图像软件做一些调整，使得这些照片看起来更有层次感或更能凸显主题，而调整景深便能达到这样的目的。

在第 4 章的技巧 03 中介绍了对人像照片的景深处理，其实风景照片的景深处理方法是一样的，重点要确定哪个是主体，前景和背景的关系，具体操作方法如下。

01 在 Photoshop CS4 中打开素材照片文件 "葡萄.jpg"。

02 按 Ctrl+J 快捷键复制 "背景" 图层。

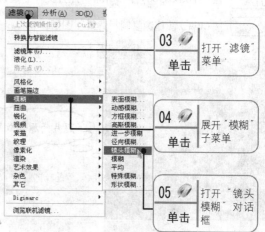

03 单击 打开 "滤镜" 菜单

04 单击 展开 "模糊" 子菜单

05 单击 打开 "镜头模糊" 对话框

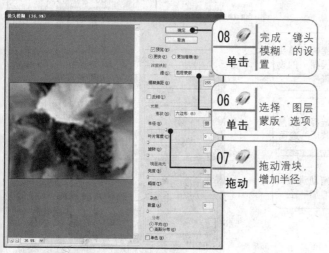

08 单击 完成 "镜头模糊" 的设置

06 单击 选择 "图层蒙版" 选项

07 拖动 拖动滑块，增加半径

09 单击 为 "图层 1" 图层添加图层蒙版

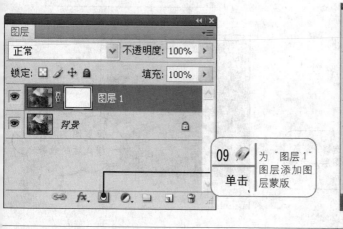

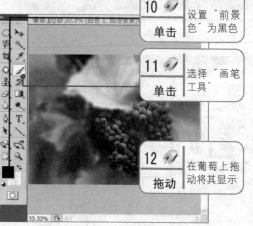

10 单击 设置 "前景色" 为黑色

11 单击 选择 "画笔工具"

12 拖动 在葡萄上拖动将其显示

6.2.4 柔焦效果

　　将照片处理成柔焦效果可以产生一种梦幻般的感觉，柔焦效果非常广泛地应用在人像艺术照片和风景照片上。制作柔焦效果的具体操作方法如下。

01 在 Photoshop CS4 中打开素材照片文件"建筑.jpg"。

02 按 Ctrl+J 快捷键复制"背景"图层。

照片的原始效果

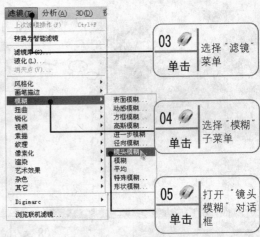

03 单击 选择"滤镜"菜单

04 单击 选择"模糊"子菜单

05 单击 打开"镜头模糊"对话框

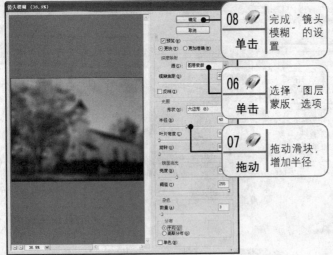

08 单击 完成"镜头模糊"的设置

06 单击 选择"图层蒙版"选项

07 拖动 拖动滑块，增加半径

模糊后的效果

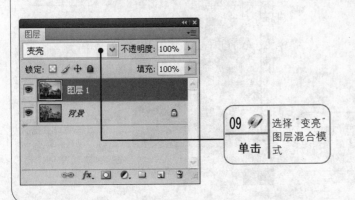

09 单击 选择"变亮"图层混合模式

设置图层混合模式后的效果

10 按 Ctrl+M 快捷键打开"曲线"对话框。

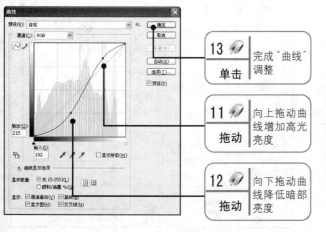

13 单击　完成"曲线"调整

11 拖动　向上拖动曲线增加高光亮度

12 拖动　向下拖动曲线降低暗部亮度

调整曲线后，图像对比度得到提高

14 按 Ctrl+U 快捷键打开"色相/饱和度"对话框。

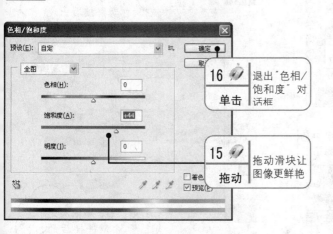

16 单击　退出"色相/饱和度"对话框

15 拖动　拖动滑块让图像更鲜艳

最终效果很具有梦幻色彩

✎ **高手点拨**

本例用"镜头模糊"或"高斯模糊"滤镜都可以达到梦幻的效果，关键是模糊的值决定了梦幻的程度。图层混合模式不一定非要用"变亮"，可试试应用其他混合模式查看效果。当效果还是不太明显时，可适当用"曲线"命令调整亮度及对比度。

6.3　全景照片的制作

当我们想要拍摄一个景区的风景、一个小区的建筑或单位的全貌时，有时却发现找不到一个合适的视点，只好拍几张连续的照片进行拼接。

有了 Photoshop 图像处理技术，在后期照片处理时为制作全景照片提供了许多方便。在 Photoshop CS4 中，使用 Photomerge 命令，使图片自动进行拼接。就算不用三角架拍出的多张图片，粗略地重叠拼接点，也能完美地拼接起来。自动拼接全景照片的操作方法如下。

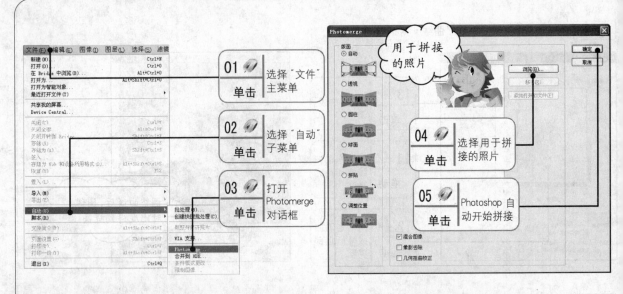

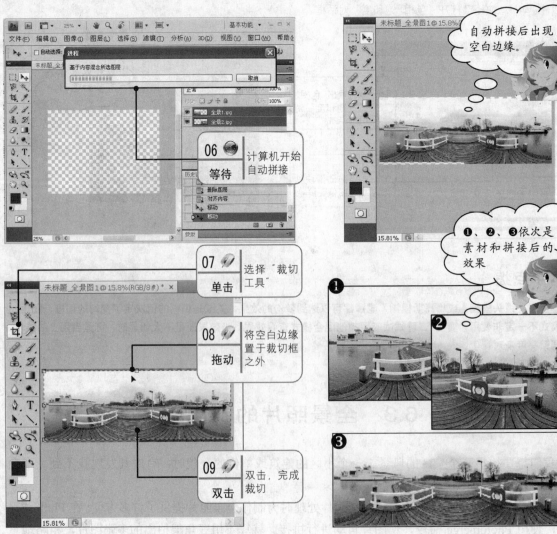

6.4　其他效果的制作

　　在拍照之前可在相机镜头上添加滤镜以达到一些特殊的摄影效果，当然也可以在拍完照之后用图像处理软件来制作一些特殊摄影效果。但是想让照片变换一些特殊的场景，单纯用相机是无法达到的，而只能用后期处理软件来进行制作。

6.4.1　特殊摄影效果

　　拍完照片之后对照片进行一些后期图像处理，丰富照片的内容及色彩，使照片能达到一定的特殊效果。而在图像处理过程中色彩混合模式、图层混合模式、通道混合模式都是 Photoshop 用户必修的基本功，利用它们可以轻松地实现各种特殊摄影效果的处理。在这里，主要制作一种好像是在相机镜头前加了一个颜色过滤镜的效果，即将一幅春意盎然的风景照制作成落日余晖的效果，其具体的操作方法如下。

01 　在 Photoshop CS4 中打开素材照片文件〝落日.jpg〞和〝云海.jpg〞。

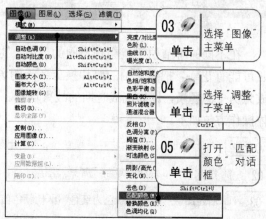

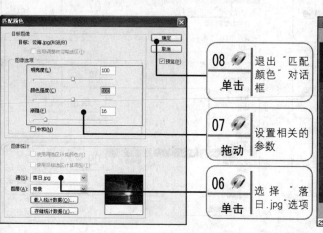

高手点拨：

　　这种效果就像在镜头前加了个红色滤镜，当然也可以直接用添加"照片滤镜"调整层的方法得到这个效果。如果在文件"落日.jpg"上应用"云海.jpg"的颜色，匹配后同样可以得到让人惊喜的效果，如下图所示。

6.4.2　特殊场景效果

　　在不同的季节拍照就会有不同的环境，也就是所谓的不同场景。冬天拍照可能有白雪，春天拍照可能有花草。把春天拍的照片换上冬天的场景，那就成了不同时期的特殊场景了。还有一些已经成为历史的场景，比如抗战时期的战火场景。而这一切都可以利用 Photoshop 来进行特殊处理，其具体操作方法如下。

01 在 Photoshop CS4 中打开"雕塑.jpg"图片。

02 按下 Ctrl+J 快捷键复制"背景"图层。

03 新建图层，设置前景色为红色（RGB 颜色值为 255，150，0），背景色为黑色。

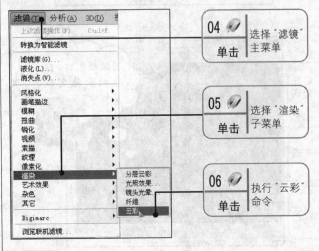

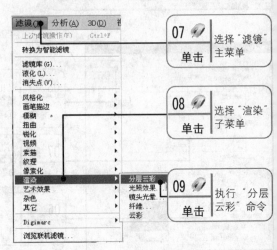

10 按 Ctrl+F 快捷键再执行一次"分层云彩"命令，使云彩效果更强烈。

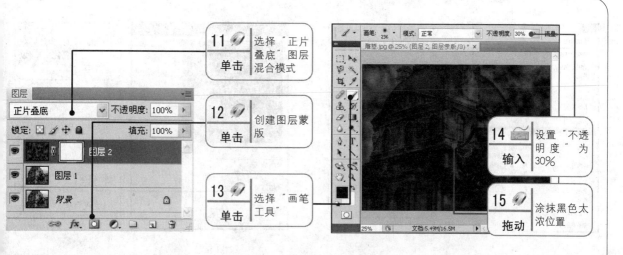

11 单击	选择"正片叠底"图层混合模式
12 单击	创建图层蒙版
13 单击	选择"画笔工具"
14 输入	设置"不透明度"为30%
15 拖动	涂抹黑色太浓位置

16 按 Ctrl+J 快捷键复制"图层 2"图层为"图层 2 副本"图层。

17 设置"图层 2 副本"的图层混合模式为"叠加",再用黑色画笔在"图层 2 副本"图层蒙版中涂抹图像中较黑的地方。

18 选择"窗口">"调整"命令,打开"调整"面板。

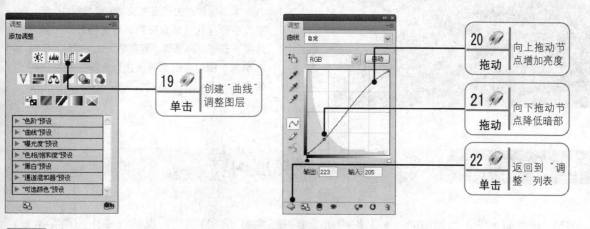

19 单击	创建"曲线"调整图层
20 拖动	向上拖动节点增加亮度
21 拖动	向下拖动节点降低暗部
22 单击	返回到"调整"列表

23 按下 Ctrl+Shift+Alt+E 快捷键盖印合并图层到新的图层。

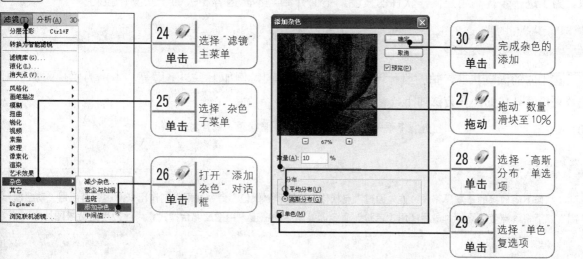

24 单击	选择"滤镜"主菜单
25 单击	选择"杂色"子菜单
26 单击	打开"添加杂色"对话框
27 拖动	拖动"数量"滑块至10%
28 单击	选择"高斯分布"单选项
29 单击	选择"单色"复选项
30 单击	完成杂色的添加

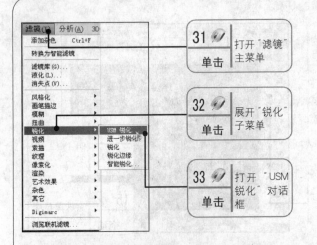

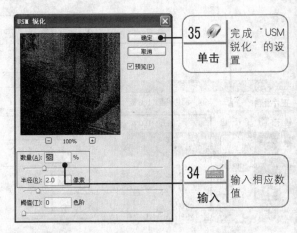

31 单击	打开"滤镜"主菜单
32 单击	展开"锐化"子菜单
33 单击	打开"USM 锐化"对话框
35 单击	完成"USM 锐化"的设置
34 输入	输入相应数值

战火纷飞的效果

高手点拨

　　在图像处理的最后应用了"添加杂色"及"USM 锐化"滤镜，是为了增加画面的质感，使其更有感染力。

　　本例制作的关键是在第 15 步与第 18 步，操作中涂抹的结果直接影响到最终效果。如果效果不理想，可选择"图层 2"图层或是"图层 2 副本"图层中的蒙版再进行涂抹并观察效果的变化，直至满意。

进阶提高 ——— 技能拓展内容

　　通过对前面基础入门知识的学习，相信初学者已经掌握了风景照片特殊处理操作的相关基础知识。为了进一步提高用户操作软件的技能，下面介绍与本章内容相关的一些操作技巧。

技巧 01：制作下雨效果

　　在不同的天气状况，拍的照片场景同样也有所不同，例如下雪、下雨等。本例为照片添加下雨的效果，其具体的操作方法如下。

01 　在 Photoshop CS4 中打开"下雨.jpg"图片，然后将"背景色"设置为白色。

高手点拨

　　制作下雨效果的基本思路是：首先通过"点状化"滤镜和"阈值"命令将雨点制作出来，然后再使用"动感模糊"滤镜将雨点变成雨丝，最后使用"色阶"命令调整雨丝的密度。用图层混合模式将雨丝应用到背景图片中。

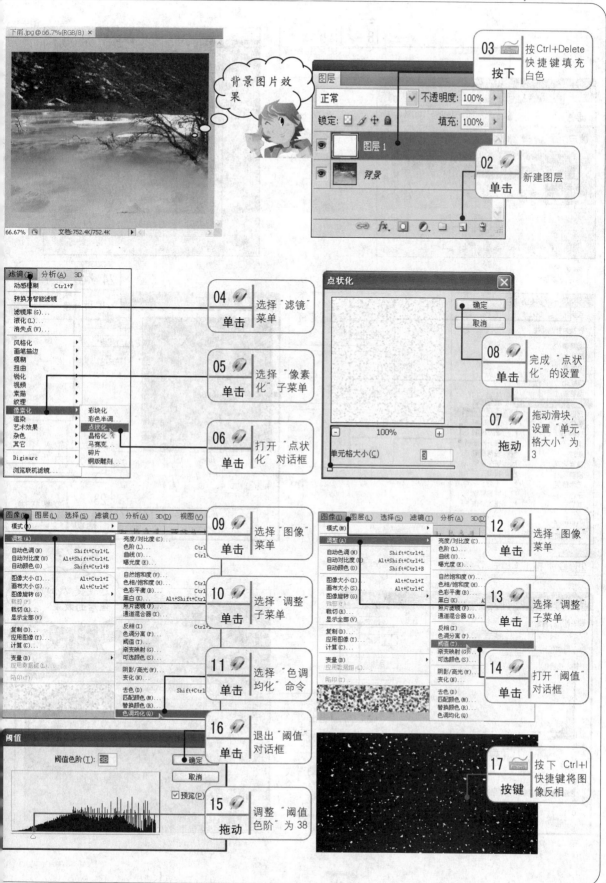

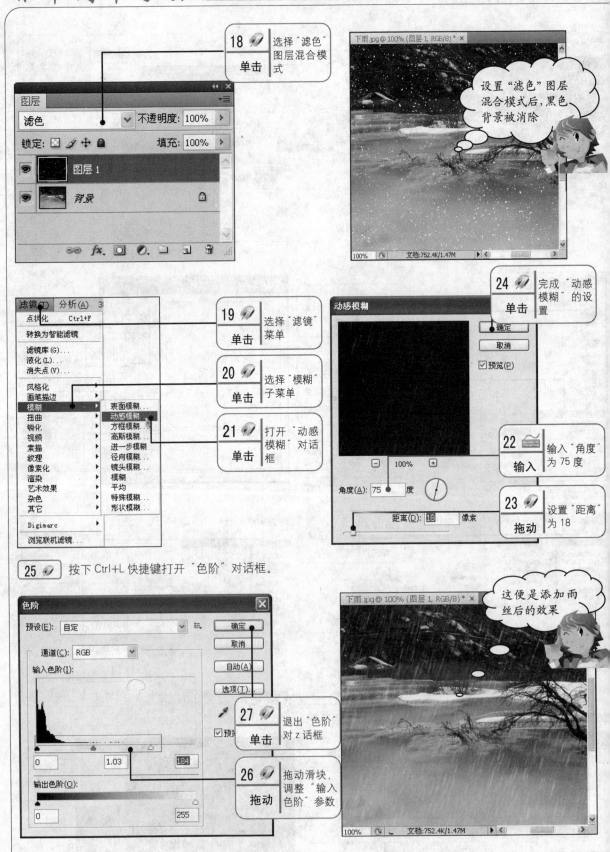

技巧 02: 制作彩虹效果

　　风雨过后，天边美丽的彩虹总会让人惊叹不已，但不是每次下雨后都会有彩虹，要捕捉到这美丽的瞬间更加困难。拍不到，没关系，让 Photoshop 来画上一道美丽的彩虹吧！其具体操作方法如下。

01 在 Photoshop CS4 中打开〝彩虹.jpg〞图片。

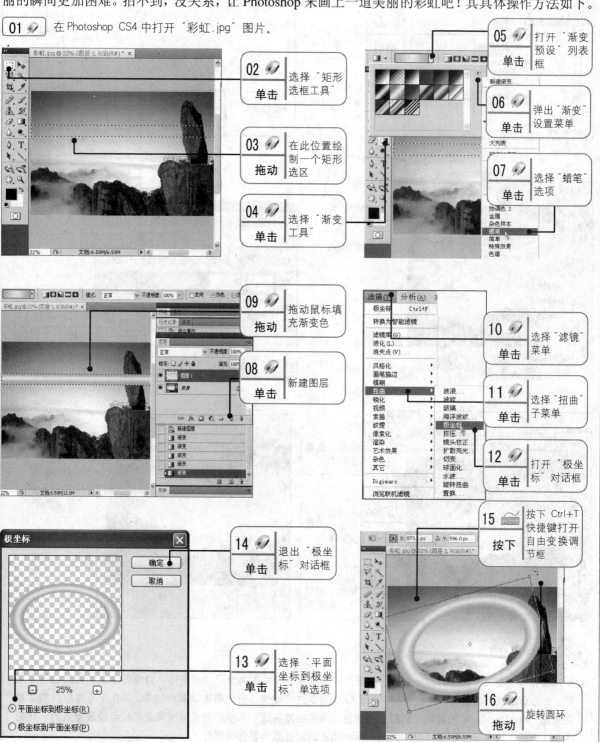

02 单击　选择〝矩形选框工具〞

03 拖动　在此位置绘制一个矩形选区

04 单击　选择〝渐变工具〞

05 单击　打开〝渐变预设〞列表框

06 单击　弹出〝渐变设置菜单

07 单击　选择〝蜡笔〞选项

08 单击　新建图层

09 拖动　拖动鼠标填充渐变色

10 单击　选择〝滤镜〞菜单

11 单击　选择〝扭曲〞子菜单

12 单击　打开〝极坐标〞对话框

13 单击　选择〝平面坐标到极坐标〞单选项

14 单击　退出〝极坐标〞对话框

15 按下　按下 Ctrl+T 快捷键打开自由变换调节框

16 拖动　旋转圆环

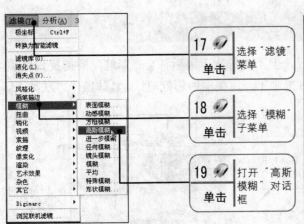

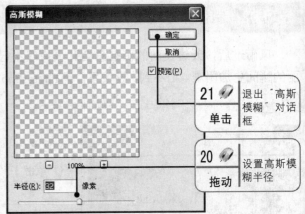

17 单击　选择"滤镜"菜单

18 单击　选择"模糊"子菜单

19 单击　打开"高斯模糊"对话框

21 单击　退出"高斯模糊"对话框

20 拖动　设置高斯模糊半径

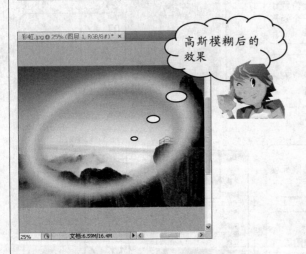

高斯模糊后的效果

22 单击　为"图层1"图层添加蒙版

这就是逼真的彩虹效果

24 单击　选择"画笔工具"

25 拖动　涂抹圆环下半部分，使其隐藏

23 单击　设置"前景色"为黑色

高手点拨

　　制作本例要注意以下几点：1.选区在窗口中的位置，位置不同使用"极坐标"命令后产生的效果也是不同的。2.必须在取消选区后，才能使用"极坐标"命令进行操作，否则得不到圆环效果。3.真正看过彩虹的读者会发现，Photoshop 中预置的"彩虹"渐变色与真实相差甚远，本例颜色是观察真正彩虹后设置出来的，比较逼真。当然，如果是绘制卡通画，Photoshop 预置的彩虹颜色要合适得多。

技巧 03：制作雪景效果

美丽的雪景常常是摄影师们的最佳题材。在我国很多地区终年都难得下一次雪，更别说看雪景了。下面就使用 Photoshop 给照片上的景物加上积雪，具体操作方法如下。

01 在 Photoshop CS4 中打开"积雪.jpg"图片。

02 按 Ctrl+J 快捷键复制"背景"图层。

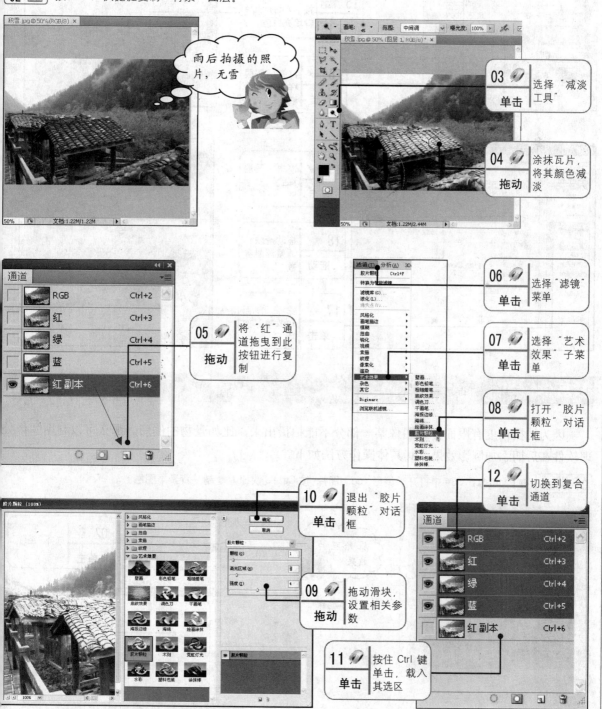

03 单击 选择"减淡工具"

04 拖动 涂抹瓦片，将其颜色减淡

05 拖动 将"红"通道拖曳到此按钮进行复制

06 单击 选择"滤镜"菜单

07 单击 选择"艺术效果"子菜单

08 单击 打开"胶片颗粒"对话框

10 单击 退出"胶片颗粒"对话框

12 单击 切换到复合通道

09 拖动 拖动滑块，设置相关参数

11 单击 按住 Ctrl 键单击，载入其选区

13 将 "前景色" 设置成白色。

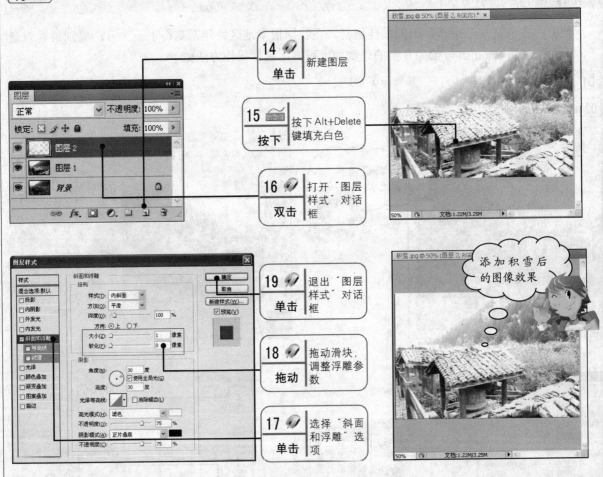

14 单击 │ 新建图层

15 按下 │ 按下 Alt+Delete 键填充白色

16 双击 │ 打开 "图层样式" 对话框

19 单击 │ 退出 "图层样式" 对话框

18 拖动 │ 拖动滑块，调整浮雕参数

17 单击 │ 选择 "斜面和浮雕" 选项

添加积雪后的图像效果

技巧04：制作水面倒影效果

　　因为拍摄角度有限而导致图像某一部分不能拍摄出来，比如景物的倒影。那么可以利用图像处理软件在后期添加倒影效果，其具体操作方法如下。

01 在 Photoshop CS4 中打开 "倒影.jpg" 图片，按 Ctrl+J 快捷键复制 "背景" 图层。

原始照片效果

02 单击 │ 选择 "图像" 菜单

03 单击 │ 打开 "画布大小" 对话框

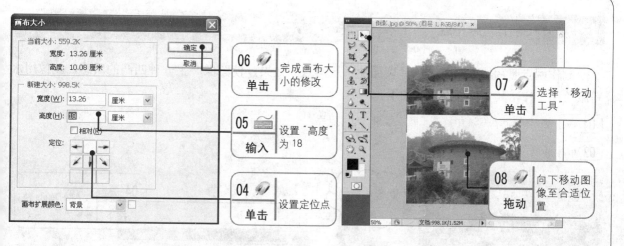

09 按 Ctrl+T 快捷键进入自由变换编辑状态。

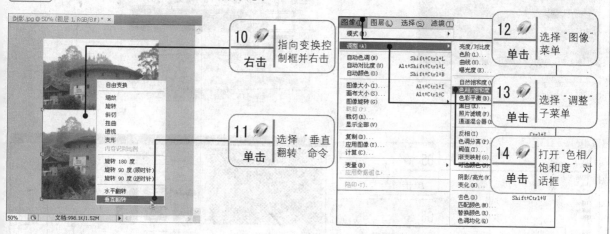

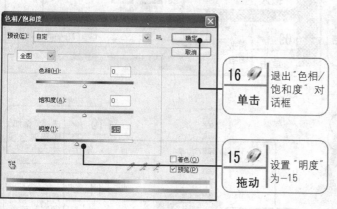

制作完成的倒影效果

高手点拨

　　倒影是与主体景物呈垂直镜像的图像，所以制作倒影时最重要的就是复制相同的图像后垂直翻转，然后降低其明度可以使效果更逼真。

技巧 05：制作网点特效

制作网点照片特效即是为照片表面加一层网点的效果，使图像产生一种凹凸的质感，就像用水粉纸绘图一样，其具体操作方法如下。

01 在 Photoshop CS4 中打开"网点效果.jpg"照片。

02 设置"前景色"为白色。

原始照片效果

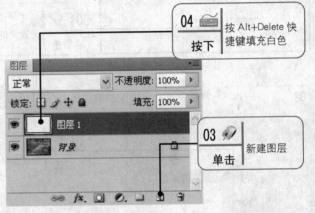

04 按下 按 Alt+Delete 快捷键填充白色

03 单击 新建图层

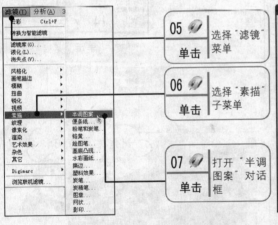

05 单击 选择"滤镜"菜单

06 单击 选择"素描"子菜单

07 单击 打开"半调图案"对话框

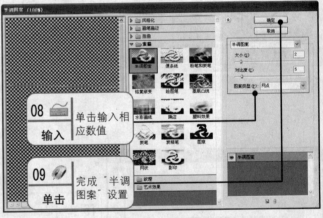

08 输入 单击输入相应数值

09 单击 完成"半调图案"设置

半调图案的效果

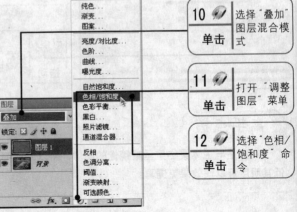

10 单击 选择"叠加"图层混合模式

11 单击 打开"调整图层"菜单

12 单击 选择"色相/饱和度"命令

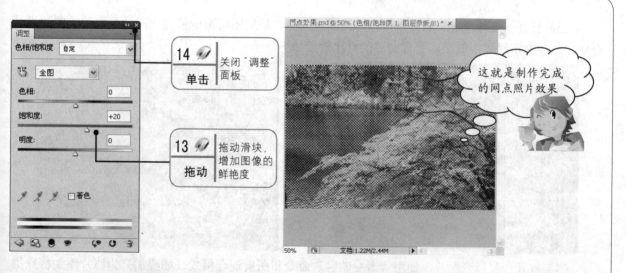

过关练习 —— 自我测试与实践

通过对前面内容的学习，按要求完成以下练习题。

（1）打开一张灰白天空的照片和一张蓝天白云的照片，将灰白的天空替换成蓝天白云的效果。处理前后的效果如下图所示。

（2）打开一张动物奔跑的照片，使用"动感模糊"滤镜为照片添加动感效果。处理前后的对比效果如下图所示。

（3）打开一张城市建筑照片和一张海边的风光照，使用图层蒙版将建筑照片与海边的照片进行合成，产生海市蜃楼的效果。处理前后的对比效果如下图所示。

（4）打开一张风光照片，使用"渐变映射"命令和图层混合模式（如叠加）为照片添加特殊摄影效果。处理前后的对比效果如下图所示。

（5）打开一张雪景照片，为照片添加下雪效果。下雪效果的制作方法与下雨效果相似，区别是下雨效果使用的是"动感模糊"滤镜，而下雪效果使用的是"高斯模糊"滤镜。处理前后的对比效果如下图所示。

Chapter 07 添加艺术效果

高手指引

丫丫之前通过老王的讲解学会了 Photoshop 的基本应用。今天老王让丫丫用 Photoshop 为照片添加一些艺术效果。这可把丫丫难住了，因为她还不能灵活地运用 Photoshop 的工具和命令。没办法，还是得向老王求助。

 老王，之前我学习的那些内容好像都做不出什么艺术效果啊。

 丫丫，其实很多艺术效果使用滤镜就可以完成。

 啊！真的吗？那太好了。

 下面就来看看如何使用 Photoshop 快速为照片添加艺术效果。

 好啊，我已经迫不及待地想了解 Photoshop 到底有多神奇。

Photoshop 的滤镜功能十分强大，处理效果可谓千变万化。其提供了近 100 多种滤镜，包括纹理、杂色、扭曲、模糊和画笔描边等多种类型。通过滤镜可以创作出精美的图像效果，很多平面设计人员都将滤镜称为是 Photoshop 图像处理的"灵魂"。

学习要点

- ◆ 掌握 Photoshop 滤镜功能的使用
- ◆ 熟悉 Photoshop 滤镜功能的效果
- ◆ 掌握如何使用 Photoshop 滤镜添加艺术效果

基 础 入 门 —— 必知必会知识

7.1 艺术效果的添加

数码照片在通过 Photoshop 处理后，再加上各种创意和发挥，就能制作出各种各样的体现独特个性的效果，如将自己的照片制作为旧照片、拼贴效果等。

7.1.1 老电影效果

大家都看过比较老的电影吧，例如刘三姐，它的颜色给人一种陈旧的感觉，一点都不鲜艳，画面上还有一些纹路，不像现代电影画面那么细腻。下面就将一幅结婚照制作成老电影效果，具体的操作方法如下。

01 在 Photoshop CS4 中打开一张照片 "幸福瞬间 4.jpg"。

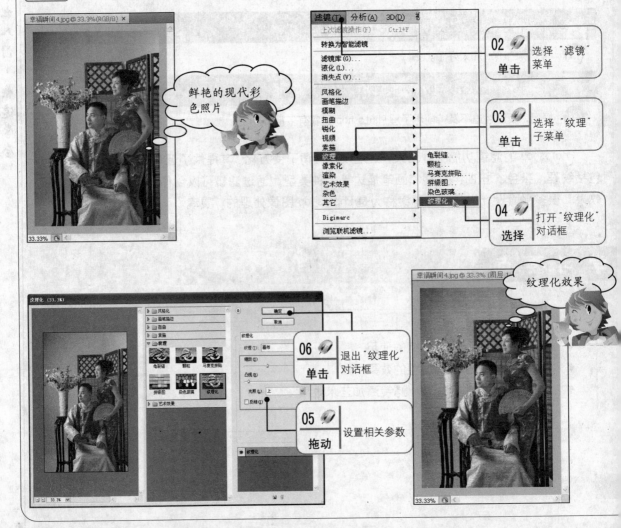

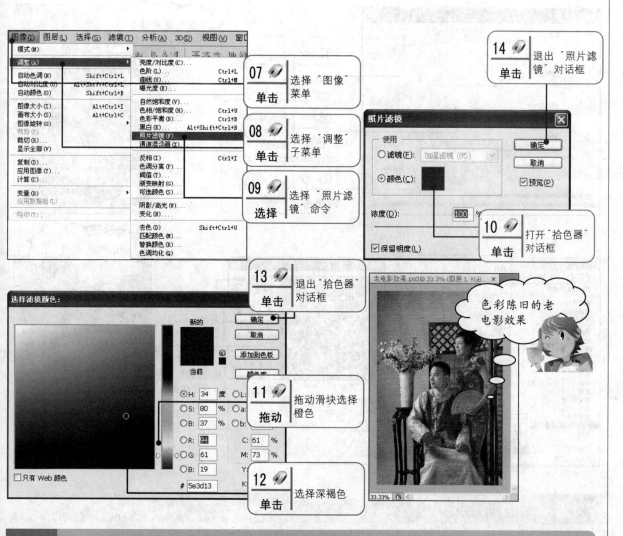

7.1.2 老照片效果

老照片大多黑白偏黄，下面就将照片制作成老照片的效果，具体操作方法如下。

01 📀 在 Photoshop CS4 中打开一张照片"幸福瞬间 5.jpg"。

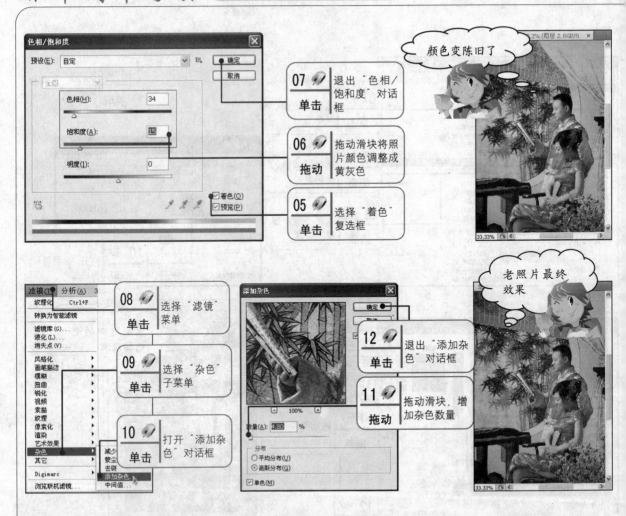

7.1.3 木板画效果

本例制作的是用刻刀在木板上刻画的效果，具体操作方法如下。

01 🖱 在 Photoshop CS4 中打开照片"荷花.jpg"和"木纹.jpg"。

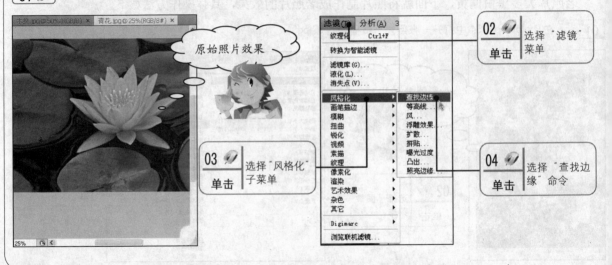

10 调整色阶后，选择"文件">"存储为"命令，打开"存储为"对话框。

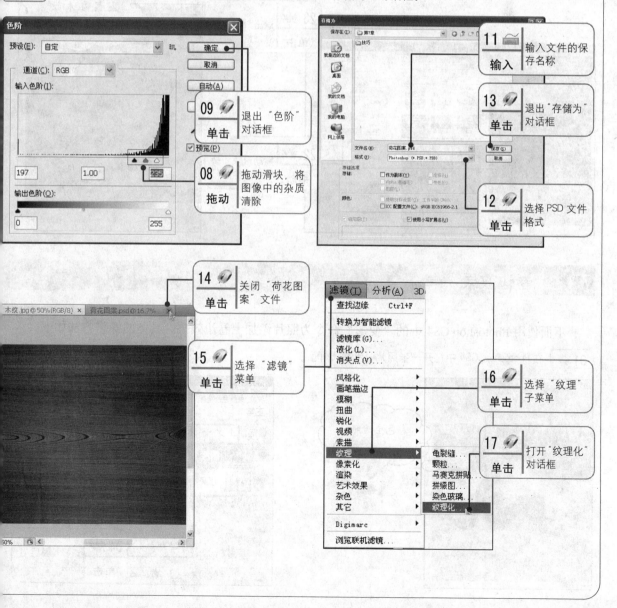

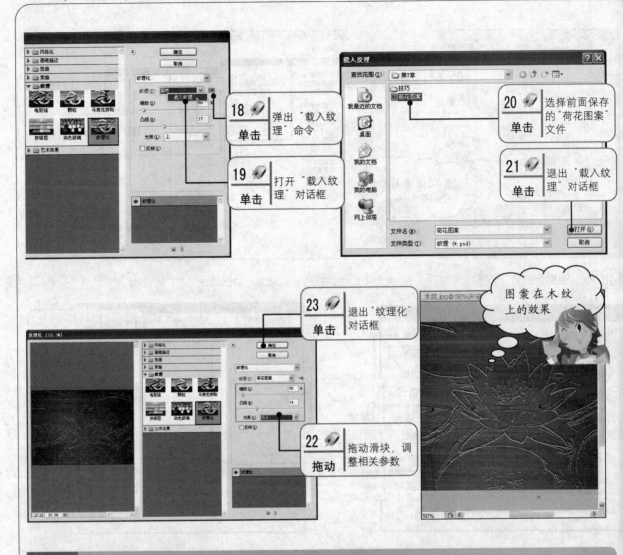

7.1.4　卷边效果

　　下面使用 Photoshop CS4 中的"变形"命令为照片添加上卷边效果，具体的操作方法如下。

01　在 Photoshop CS4 中打开一张照片"女孩 1.jpg"。

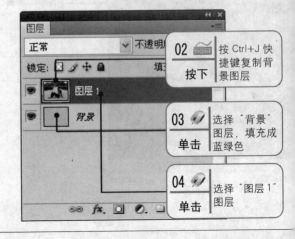

05 按 Ctrl+T 快捷键进入自由变换状态。

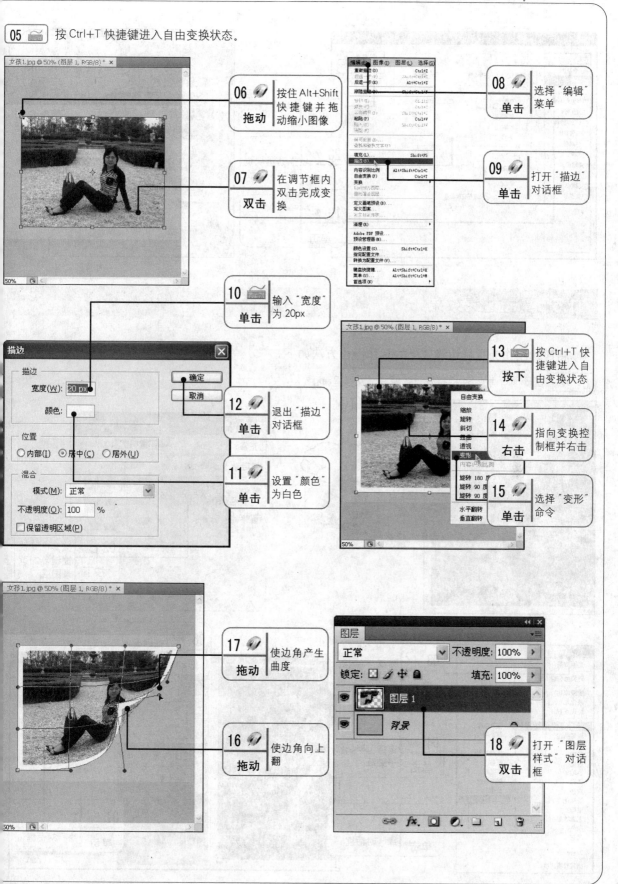

06 拖动　按住 Alt+Shift 快捷键并拖动缩小图像

07 双击　在调节框内双击完成变换

08 单击　选择"编辑"菜单

09 单击　打开"描边"对话框

10 单击　输入"宽度"为 20px

描边

描边
宽度(W): 20 px
颜色:

位置
〇内部(I)　◉居中(C)　〇居外(U)

混合
模式(M): 正常
不透明度(O): 100 ％
☐保留透明区域(P)

确定
取消

11 单击　设置"颜色"为白色

12 单击　退出"描边"对话框

13 按下　按 Ctrl+T 快捷键进入自由变换状态

自由变换
缩放
旋转
斜切
扭曲
透视
变形
内容识别比例
旋转 180 度
旋转 90 度
旋转 90 度
水平翻转
垂直翻转

14 右击　指向变换控制框并右击

15 单击　选择"变形"命令

16 拖动　使边角向上翻

17 拖动　使边角产生曲度

图层

正常　　不透明度: 100%
锁定: ☒ ✐ ✚ 🔒　填充: 100%

图层 1
背景

18 双击　打开"图层样式"对话框

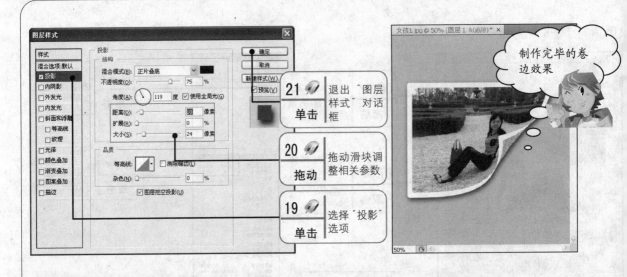

7.1.5　霓虹边缘效果

将照片制作为霓虹边缘效果的具体操作方法如下。

01 在 Photoshop CS4 中打开一张照片"女孩2.jpg"。

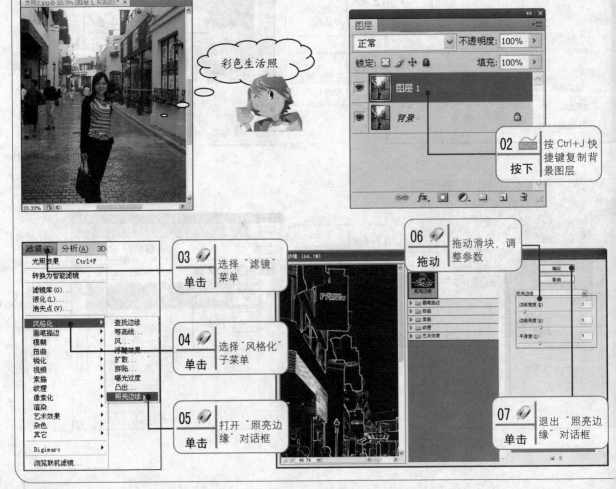

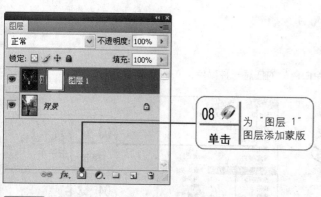

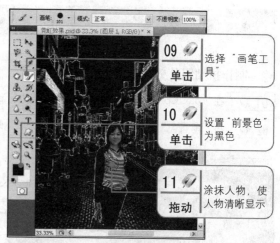

09 单击 选择"画笔工具"

10 单击 设置"前景色"为黑色

11 拖动 涂抹人物，使人物清晰显示

08 单击 为"图层 1"图层添加蒙版

12 按 Ctrl+Shift+Alt+E 快捷键盖印合并所有图层。

13 选择"滤镜" > "渲染" > "光照效果"命令，打开"光照效果"对话框。

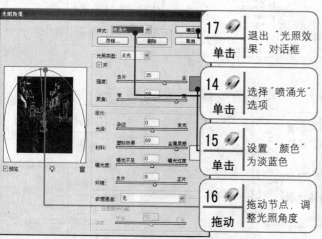

添加光照后的效果

17 单击 退出"光照效果"对话框

14 单击 选择"喷涌光"选项

15 单击 设置"颜色"为淡蓝色

16 拖动 拖动节点，调整光照角度

18 按 Ctrl+M 快捷键打开"曲线"对话框。

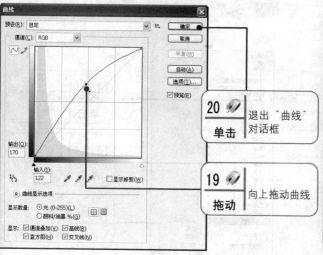

制作完成的霓虹边缘效果

20 单击 退出"曲线"对话框

19 拖动 向上拖动曲线

7.1.6 拼贴效果

制作拼贴照片效果的具体操作方法如下。

01 在 Photoshop CS4 中打开一张照片"女孩 3.jpg"。

02 将"前景色"设置成白色，新建图层，填充除白色外的任意一种颜色。

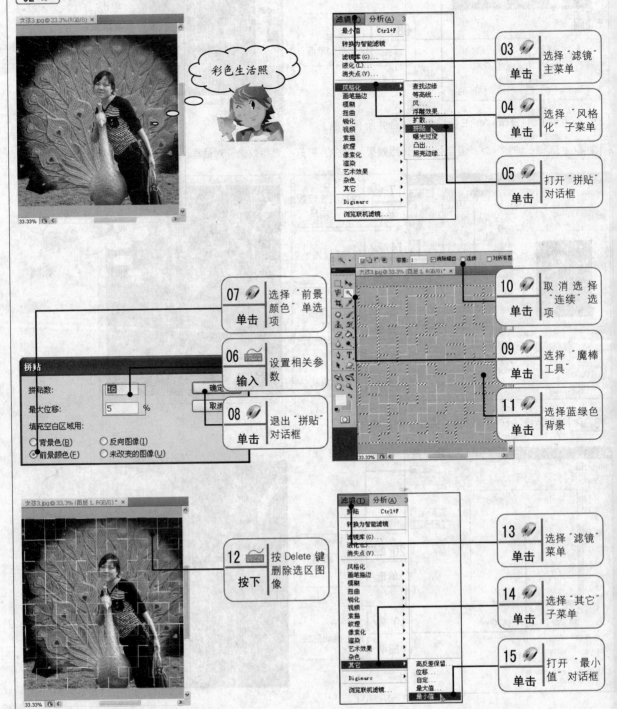

03 单击｜选择"滤镜"主菜单

04 单击｜选择"风格化"子菜单

05 单击｜打开"拼贴"对话框

07 单击｜选择"前景颜色"单选项

06 输入｜设置相关参数

08 单击｜退出"拼贴"对话框

10 单击｜取消选择"连续"选项

09 单击｜选择"魔棒工具"

11 单击｜选择蓝绿色背景

12 按下｜按 Delete 键删除选区图像

13 单击｜选择"滤镜"菜单

14 单击｜选择"其它"子菜单

15 单击｜打开"最小值"对话框

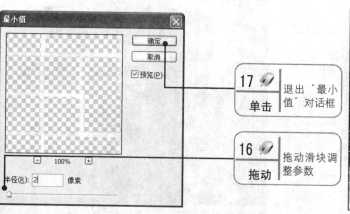

使用"最小值"滤镜后的效果

17 单击　退出"最小值"对话框

16 拖动　拖动滑块调整参数

18 双击"图层1"图层，打开"图层样式"对话框。

制作完成的拼贴效果

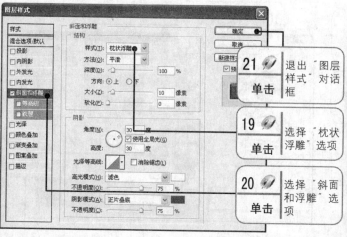

21 单击　退出"图层样式"对话框

19 单击　选择"枕状浮雕"选项

20 单击　选择"斜面和浮雕"选项

7.1.7 素描效果

读者对素描效果一定不会陌生，下面就使用 Photoshop CS4 来制作素描效果，具体操作方法如下。

01 在 Photoshop CS4 中打开一张照片"幸福瞬间6.jpg"。

彩色婚纱照片

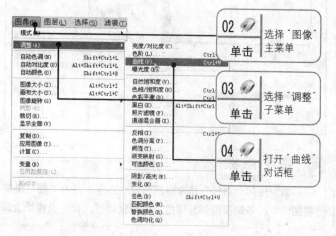

02 单击　选择"图像"主菜单

03 单击　选择"调整"子菜单

04 单击　打开"曲线"对话框

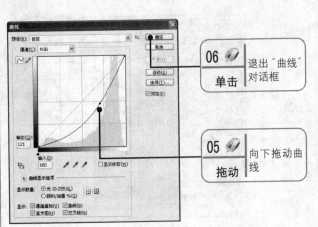

06 单击 退出"曲线"对话框

05 拖动 向下拖动曲线

使用曲线降低图像的亮度

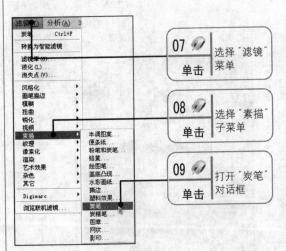

07 单击 选择"滤镜"菜单

08 单击 选择"素描"子菜单

09 单击 打开"炭笔"对话框

10 拖动 拖动滑块，调整参数

11 单击 退出"炭笔"对话框

12 按 Ctrl+L 快捷键，打开"色阶"对话框。

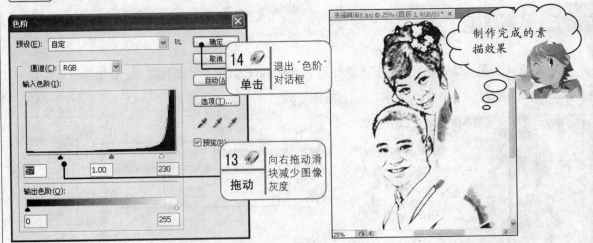

14 单击 退出"色阶"对话框

13 拖动 向右拖动滑块减少图像灰度

制作完成的素描效果

高手点拨

　　本例使用"曲线"命令降低图像的亮度，是为了使"炭笔"滤镜达到理想的效果。使用"色阶"命令是为了将图像中过多的灰度部分清除，就像使用橡皮擦除素描纸上的过多线条一样。

7.2 实用照片的制作

在生活中许多朋友都会将自己拍摄的照片进行艺术化加工，使得照片看上去更加有个性。本节就将学习如何为数码照片加上各种创意效果，制作出各种各样能体现独特个性的照片。

7.2.1 渐变色彩效果

将照片制作出渐变色彩效果的具体操作方法如下。

01 在 Photoshop CS4 中打开一张照片 "女孩 4.jpg"。

02 按 Ctrl+J 快捷键复制 "背影" 图层。

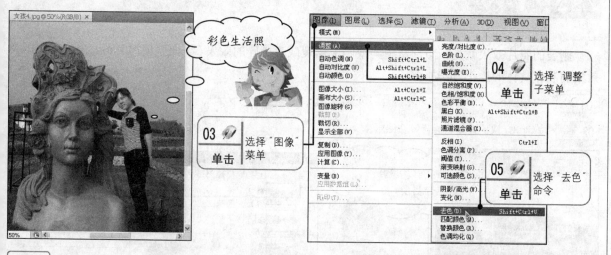

03 单击 选择 "图像" 菜单

04 单击 选择 "调整" 子菜单

05 单击 选择 "去色" 命令

06 选择 "窗口" > "调整" 命令，打开 "调整" 面板。

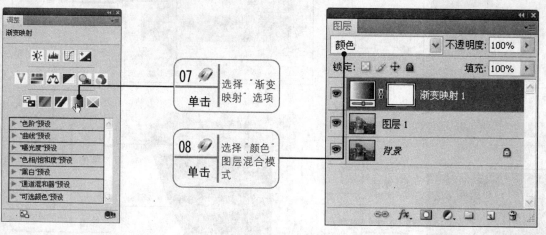

07 单击 选择 "渐变映射" 选项

08 单击 选择 "颜色" 图层混合模式

高手点拨

在 "调整" 面板中选择 "渐变映射" 选项后，自动在 "图层" 面板中添加一个调整图层。

7.2.2　撕裂效果

撕裂的照片效果就是指照片从中间或两侧撕裂或者撕碎的效果。下面就使用 Photoshop 完成撕裂效果的制作具体的操作方法如下。

01　在 Photoshop CS4 中打开一张照片"风景1.jpg"。

02　按 Ctrl+J 快捷键复制"背景"图层。

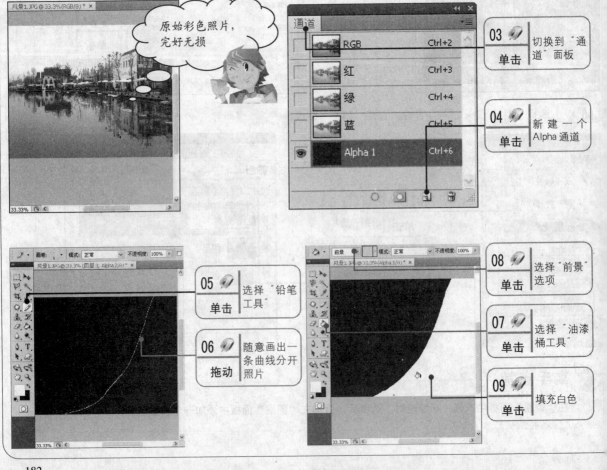

10 ✐ 选择"滤镜">"像素化">"晶格化"命令，打开"晶格化"对话框。

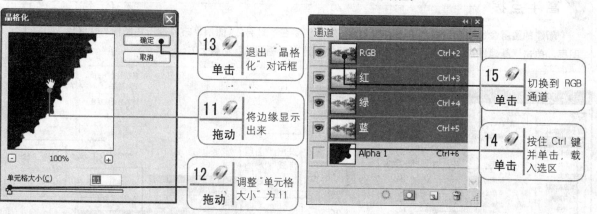

晶格化

13 ✐ 退出"晶格
单击 化"对话框

11 ✐ 将边缘显示
拖动 出来

12 ✐ 调整"单元格
拖动 大小"为11

通道
RGB　Ctrl+2
红　Ctrl+3
绿　Ctrl+4
蓝　Ctrl+5
Alpha 1　Ctrl+6

15 ✐ 切换到 RGB
单击 通道

14 ✐ 按住 Ctrl 键
单击 并单击，载
入选区

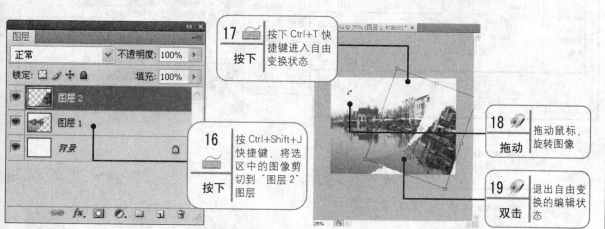

图层
正常　不透明度：100%
锁定：☑ ✐ ✛ 🔒　填充：100%
图层 2
图层 1
背景

16 按 Ctrl+Shift+J
按下 快捷键，将选
区中的图像剪
切到"图层 2"
图层

17 按下 Ctrl+T 快
按下 捷键进入自由
变换状态

18 ✐ 拖动鼠标，
拖动 旋转图像

19 ✐ 退出自由变
双击 换的编辑状
态

20 ✐ 选择"选择">"修改">"扩展"命令，打开"扩展选区"对话框。

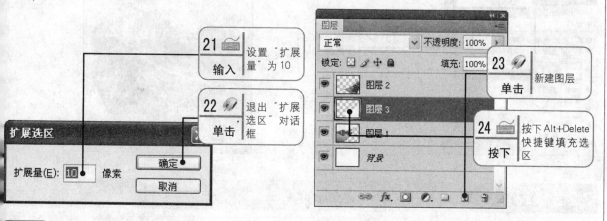

21 设置"扩展
输入 量"为10

22 ✐ 退出"扩展
单击 选区"对话
框

扩展选区
扩展量(E)：10　像素
确定
取消

图层
正常　不透明度：100%
锁定：☑ ✐ ✛ 🔒　填充：100%
图层 2
图层 3
图层 1
背景

23 ✐ 新建图层
单击

24 按下 Alt+Delete
按下 快捷键填充选
区

25 ✐ 按下 Ctrl+D 快捷键取消选区。

26 ✐ 载入"图层 1"图层的选区，同样执行"扩展"命令将选区扩展 10px。

27 ✐ 在"图层 1"图层下方新建"图层 4"图层，在选区内填充白色。

28 ✐ 在"图层"面板中双击"图层 4"图层，打开"图层样式"对话框。

高手点拨

　　新建的图层会出现在当前选中图层的上方，如本例要在"图层 2"图层下方添加白色图像，就选择"图层 1"图层，单击"新建图层"按钮，即可将新建的图层创建到"图层 1"图层上方。

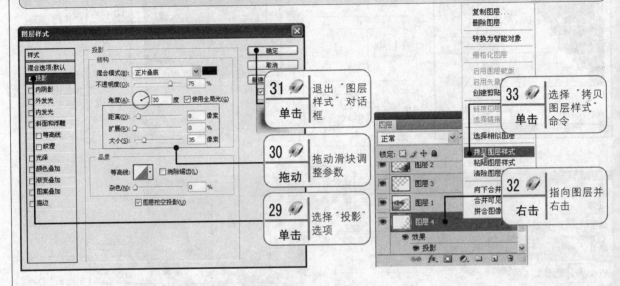

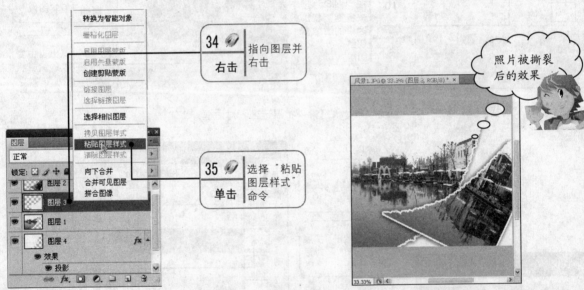

7.2.3　纹理效果

　　在照片上添加纹理，可以达到意想不到的效果。下面就在一幅照片上添加纹理，具体操作方法如下。

01 在 Photoshop CS4 中打开一张照片 "花朵.jpg"。

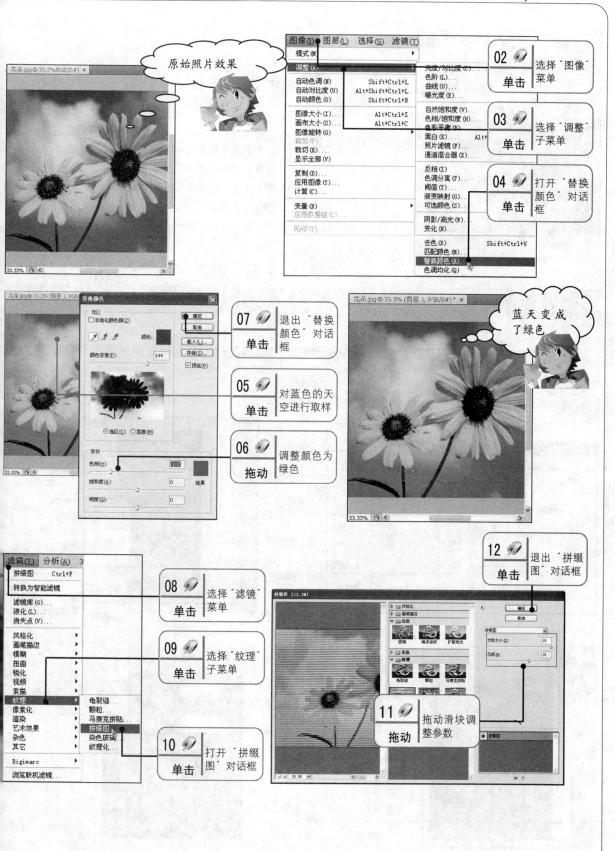

添加拼缀图纹理后的效果

高手点拨

使用滤镜后，如果滤镜应用过度，可以选择"编辑">"渐隐"命令，在打开的对话框中，可以调整其不透明度和图层混合模式来改变滤镜的效果。使用"调整"子菜单中的命令后，也可以用"渐隐"命令来调整最终效果。

7.2.4 胶片效果

现在大家都使用数码相机了，还记得传统相机照相后的胶片吗？制作胶片效果的具体操作方法如下。

01 在 Photoshop CS4 中，按 Ctrl+N 快捷键打开"新建"对话框。

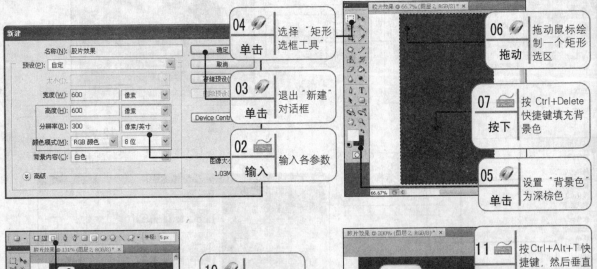

04 单击 — 选择"矩形选框工具"

03 单击 — 退出"新建"对话框

02 输入 — 输入各参数

06 拖动 — 拖动鼠标绘制一个矩形选区

07 按下 — 按 Ctrl+Delete 快捷键填充背景色

05 单击 — 设置"背景色"为深棕色

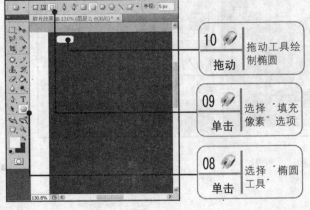

10 拖动 — 拖动工具绘制椭圆

09 单击 — 选择"填充像素"选项

08 单击 — 选择"椭圆工具"

11 按下 — 按 Ctrl+Alt+T 快捷键，然后垂直拖动复制椭圆

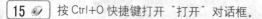

12 按 Enter 键确认复制的图像。

15 按 Ctrl+O 快捷键打开"打开"对话框。

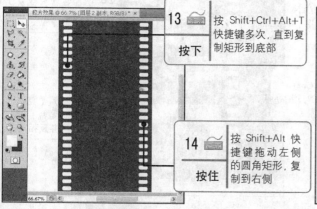

13 按下 按 Shift+Ctrl+Alt+T 快捷键多次，直到复制矩形到底部

14 按住 按 Shift+Alt 快捷键拖动左侧的圆角矩形，复制到右侧

16 拖动 选择 3 张照片

17 单击 打开选择的相关照片

18 按 Ctrl+T 快捷键进入自由变换状态。

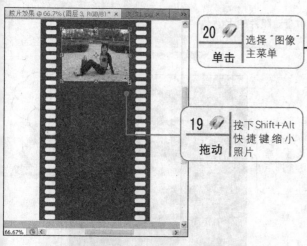

20 单击 选择"图像"主菜单

19 拖动 按下 Shift+Alt 快捷键缩小照片

21 单击 选择"调整"子菜单

22 单击 选择"反相"命令

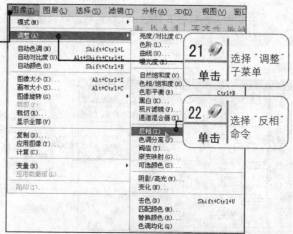

执行"反相"命令后的效果

23 单击 拖入另一张照片

24 选择"编辑" > "变换" > "旋转 90 度（顺时针）"命令。

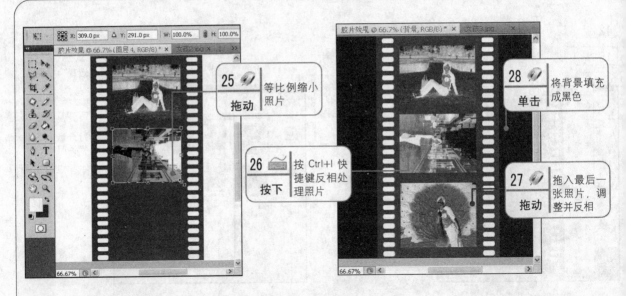

25 拖动　等比例缩小照片

26 按下　按 Ctrl+I 快捷键反相处理照片

28 单击　将背景填充成黑色

27 拖动　拖入最后一张照片，调整并反相

高手点拨

在自由变换状态下调整 3 张照片时，可以在属性栏中查看照片的大小。

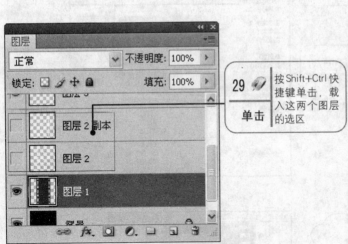

29 单击　按 Shift+Ctrl 快捷键单击，载入这两个图层的选区

制作完成后的胶片效果

30 ⌨ 选择"图层 1"图层，按 Delete 键删除选区图像。

7.2.5 左右分割照片

将自己的照片进行分割的具体制作方法如下。

01 ✎ 在 Photoshop CS4 中打开一张照片"幸福瞬间 7.jpg"。

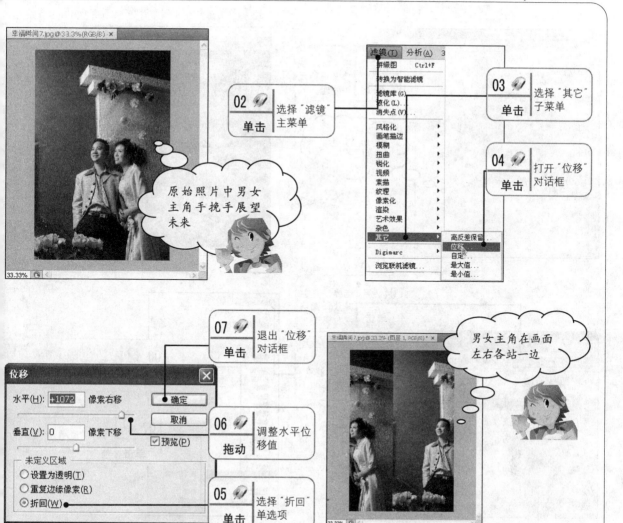

进阶提高 —— 技能拓展内容

通过对前面基础入门知识的学习，相信初学者已经掌握了给数码照片添加艺术效果的入门操作知识。为了进一步提高用户操作 Photoshop 软件的技能，下面介绍与本章内容相关的一些操作技巧。

技巧 01：制作铅笔淡彩画效果

本例使用滤镜将一张宝宝照片处理成铅笔淡彩画效果，具体操作方法如下。

01 在 Photoshop CS4 中打开一张照片 "宝宝.jpg"。

02 按 Ctrl+J 快捷键复制 "背景" 图层。

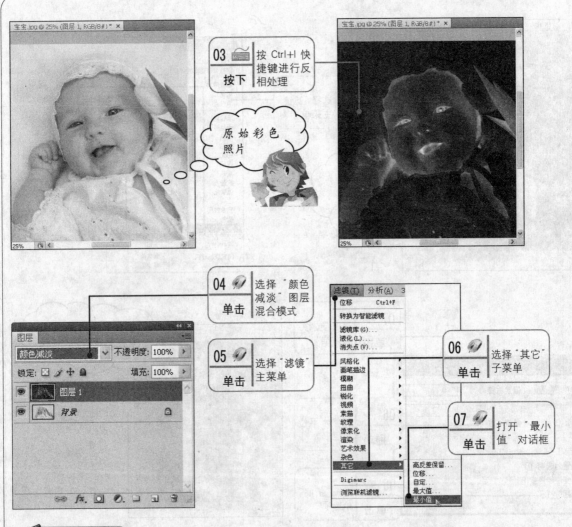

高手点拨

设置"颜色减淡"图层混合模式后,图像窗口中一片空白,这是正常的,继续进行下面的操作即可得到最终效果。

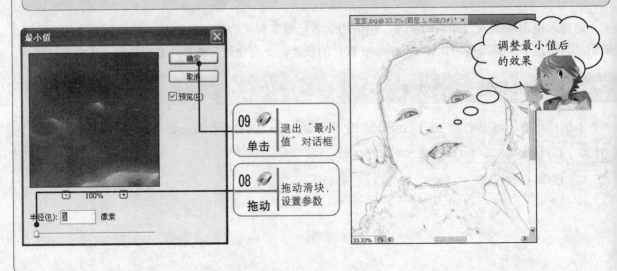

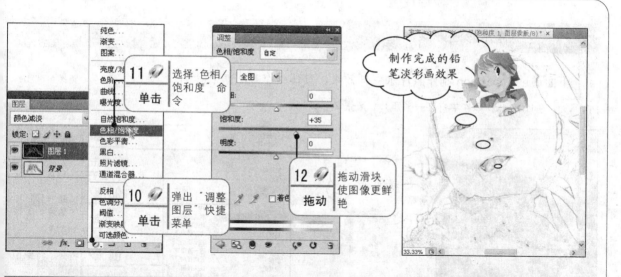

技巧 02： 制作特殊色调效果

本例在通道中应用滤镜，就可以使照片产生另一种色调，具体操作方法如下。

01 在 Photoshop CS4 中打开一张照片"快乐家庭.jpg"。

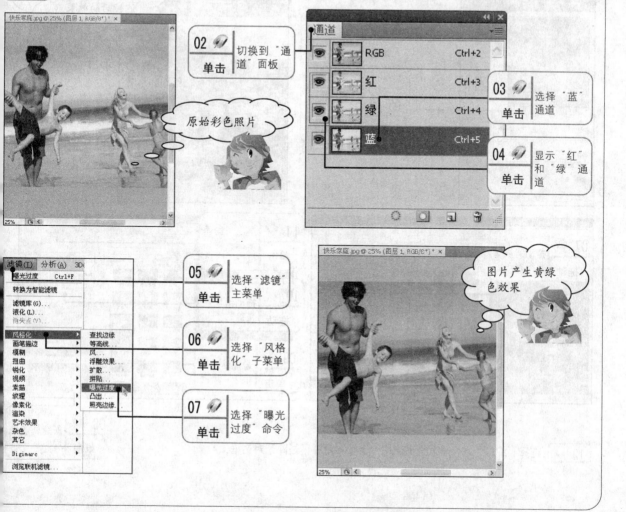

技巧 03: 制作水彩画效果

下面通过 Photoshop 制作照片水彩画效果，具体操作方法如下。

01 在 Photoshop CS4 中打开一张照片 "风景 2.jpg"。

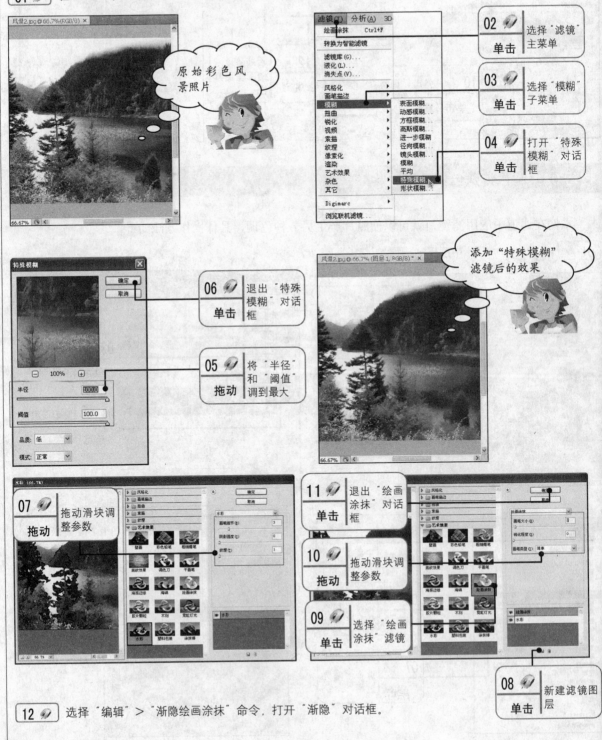

12 选择 "编辑" > "渐隐绘画涂抹" 命令，打开 "渐隐" 对话框。

设置渐隐后的效果

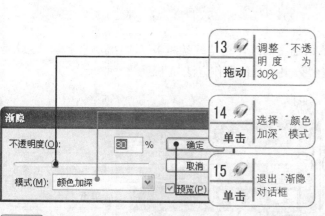

13 拖动 调整"不透明度"为30%

14 单击 选择"颜色加深"模式

15 单击 退出"渐隐"对话框

16 选择"窗口">"调整"命令,将"调整"面板显示出来。

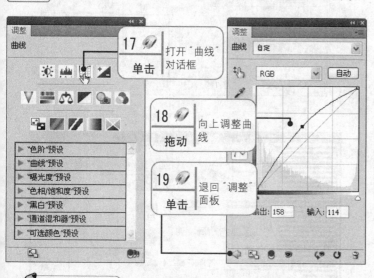

17 单击 打开"曲线"对话框

18 拖动 向上调整曲线

19 单击 退回"调整"面板

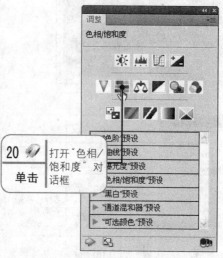

20 单击 打开"色相/饱和度"对话框

✏️ **高手点拨**

　　使用"水彩"滤镜后,如果图像暗部颜色较深,可以选择"编辑">"渐隐水彩"命令来减淡水彩效果。要注意的是,使用滤镜后,再使用其他工具,就无法使用"渐隐"命令了。

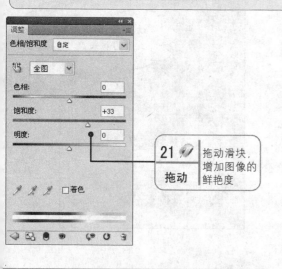

21 拖动 拖动滑块,增加图像的鲜艳度

制作完成的水彩效果

技巧 04： 电视扫描线效果

　　大家在近处看电视画面时，会发现有一条条细密的线，这些线条越多，画面就越清晰，这就是电视扫描线。下面在数码照片上添加电视扫描线效果，具体操作方法如下。

01 　在 Photoshop CS4 中打开一张照片"幸福瞬间.jpg"。

03 单击　将"图层1"图层填充成白色

02 单击　新建图层

原始彩色照片

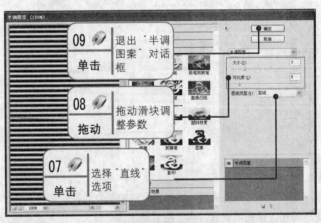

04 单击　选择"滤镜"菜单

05 单击　选择"素描"子菜单

06 单击　打开"半调图案"对话框

09 单击　退出"半调图案"对话框

08 拖动　拖动滑块调整参数

07 单击　选择"直线"选项

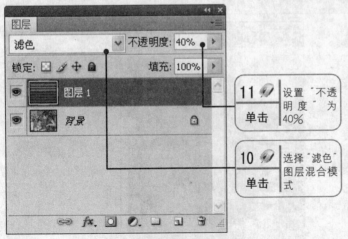

11 单击　设置"不透明度"为40%

10 单击　选择"滤色"图层混合模式

设置图层混合模式后的效果

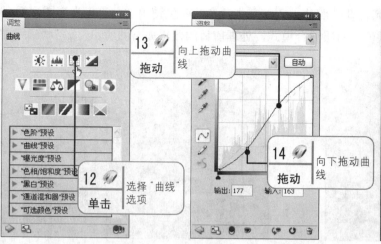

过 关 练 习 —— 自我测试与实践

通过对前面内容的学习，按要求完成以下练习题。

（1）打开一张照片，选择"滤镜"＞"素描"＞"便条纸"命令，给照片添加便条纸效果，处理前后的效果如下图所示。

（2）打开一张花卉照片，使用"位移"滤镜制作左右分割效果，然后使用图层蒙版将人物照片添加到花朵的中间，处理前后的效果如下图所示。

（3）使用图层混合模式为一幅黑白花朵照片上色，其中花朵的颜色使用的是"点光"图层混合模式，绿色和蓝色背景使用的是"颜色"图层混合模式，处理前后的效果如下图所示。

（4）使用"光照效果"滤镜的"五处下射光"样式给照片添加舞台光照效果，注意调整灯光的颜色以及环境光线的范围及强度。处理前后的效果如下图所示。

（5）使用一幅风景照片制作钢笔淡彩画效果。操作方法和铅笔淡彩画相同，只是在得到铅笔淡彩画效果后，要使用"色相/饱和度"命令将其调整成蓝色。处理前后的效果如下图所示。

Chapter 08　数码照片个性创意制作

高手指引

丫丫和同学聚会，拍到了许多精彩的照片，就想做一些很有个性创意的设计。但是一个人的力量有限，于是她找到老王，老王对她的想法很感兴趣。

> 老王，怎么能用自己的照片做出一些有个性的东西呢？

> 丫丫，只要有创意，使用一些小软件就可以制作了。

> 可是我不知道有哪些软件，更不会使用它们，你能教教我吗？

> 当然可以了。

> 那太好了。谢谢您！

通过前面对数码照片的介绍，相信大家对数码照片的处理已经有所了解，那么数码照片还可以做出什么效果呢？本章主要给大家介绍一些有关数码照片的时尚玩法，如制作电子相册、日历、个性化大头贴等。

学习要点

- ◆ 掌握电子相册的制作
- ◆ 掌握邮票和信笺的制作
- ◆ 掌握个性化日历的制作
- ◆ 掌握大头贴和照片涂鸦的制作
- ◆ 掌握把照片设置成桌面背景
- ◆ 掌握用照片做 QQ 头像
- ◆ 熟悉把照片设置成屏幕保护
- ◆ 熟悉把照片设置成 Windows 启动界面

轻松入门·快速学会

基础入门 —— 必知必会知识

8.1 数码照片任意玩

除了一般的处理外，还可以结合一些小软件来制作出许多个性的创意效果。如制作电子相册、个性照片邮票、个性大头贴等。

本节就来详细介绍利用这些软件制作个性的数码照片电子相册、个性照片邮票、个性大头贴、信笺、日历、手机动画、音乐贺卡等。

8.1.1 电子相册的制作

随着数码相机的普及，数码相机已经逐渐进入到普通家庭，大家在日常生活中拍摄了大量的照片，同时是否会碰到这样的问题：大量的照片不知如何管理，从而导致无从查询和观赏。

其实这很简单，可以通过相册制作软件使照片得到很好的管理，如"千变万化"、"家家乐电子相册"、"佳影"等电子相册软件。下面通过使用家家乐电子相册软件来讲解电子相册的制作方法。

1. 新建相册

在制作相册之前需要先新建一个相册，具体操作方法如下。

01 单击　单击"新建一个电子相册"按钮

02 单击　弹出"参数配置"窗口，单击"更换"按钮

高手点拨

"家家乐电子相册"有 150 种图片切换显示方式，并生成完整的 EXE 格式的可执行文件或 VCD、SVCD、DVD 格式的视频文件，方便刻录到光盘，在光盘中即可直接播放。在每个相册中可以设定多达 500 个主题，每个主题中可以设定单独的背景音乐（最多可达 50 首）和封面图片。对每幅图片，可设定标题、拍摄日期、显示方式、图片的延迟等其他相关说明。

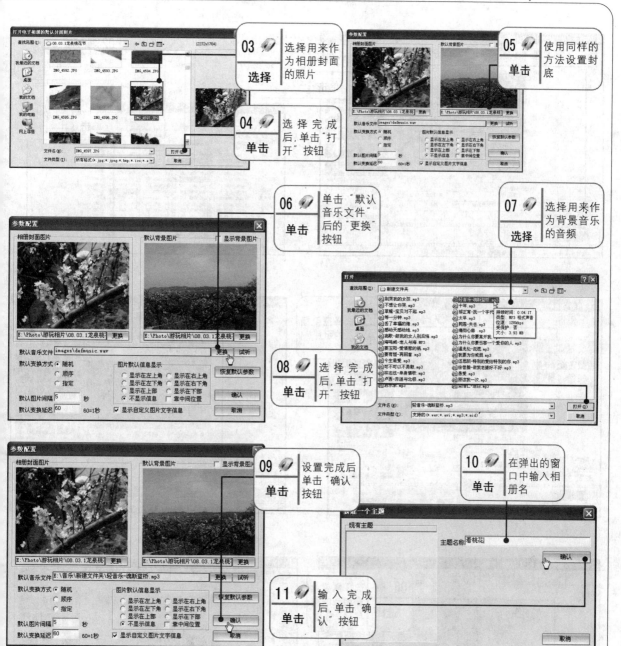

2. 添加照片并设置动画

完成了相册的新建，下面就可以添加自己的照片了，同时可以为照片设置动画效果，具体操作方法如下。

高手点拨

一般使用数码相机拍摄照片时，照片质量都设置得比较高，这样照片文件就比较大。为了加快照片的显示速度，最好统一将照片的大小调小一些，使用"图像">"图像大小"命令即可。

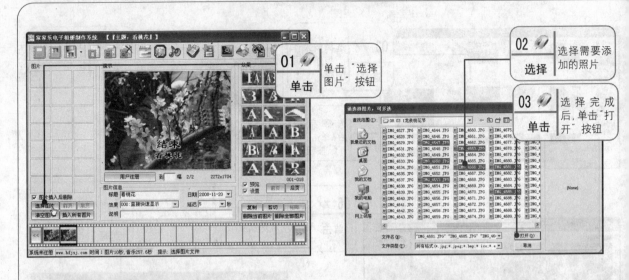

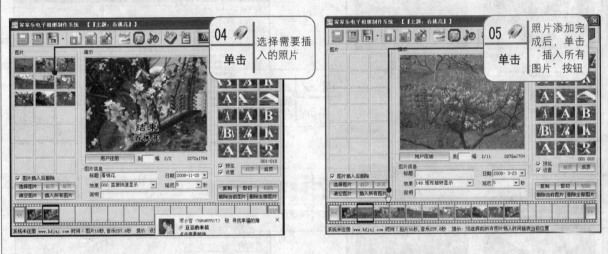

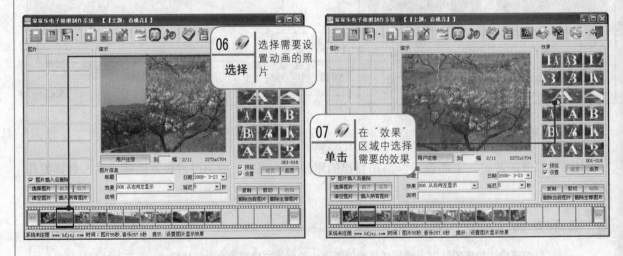

3. 添加相框和前景动画

添加完照片并设置动画后，下面就来为相册加上相框和前景动画，具体的操作方法如下。

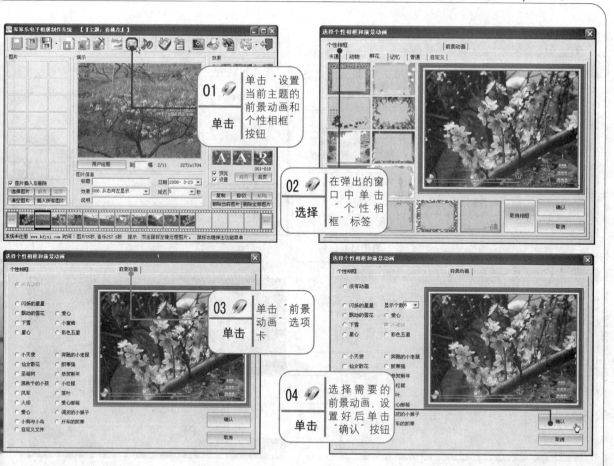

4. 生成相册

整个相册都基本设置好后，下面就需要发布出来和朋友一起分享，具体的操作方法如下。

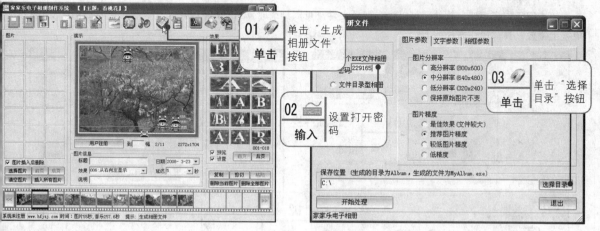

高手点拨

在"生成相册文件"对话框中，本例只设置了密码，其他采用的默认参数。读者应该仔细查看每个设置栏，以便根据自己的实际需要对相册进行设置。

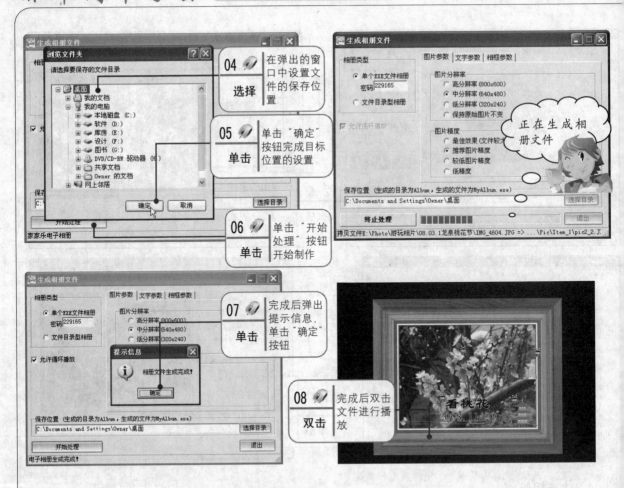

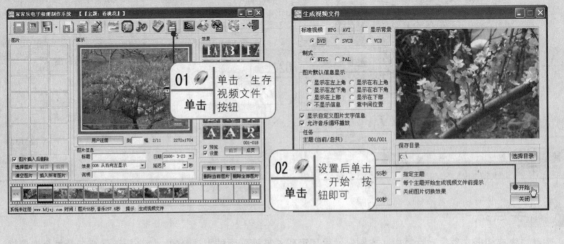

高手点拨

　　"家家乐电子相册"软件还可以生存视频文件，可以刻录成 VCD 或者 DVD 光盘，通过 VCD 或者 DVD 在电视上播放，具体操作方法如下。

8.1.2 个性邮票的制作

为了纪念，人们常常将数码照片制作成邮票，在 Photoshop 中可以将自己喜欢的人或者自己的照片制作成邮票，想想打开集邮册，全是自己的邮票，多有趣。将照片制作成邮票的具体操作方法如下。

01 在 Photoshop CS4 中打开一张数码照片"邮票.jpg"。

02 将"背景色"设置成白色。

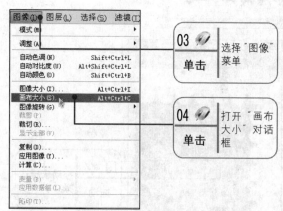

03 选择"图像"菜单

04 打开"画布大小"对话框

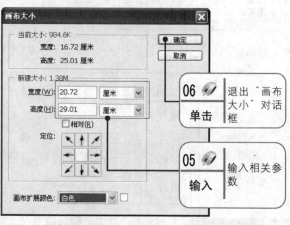

05 输入相关参数

06 退出"画布大小"对话框

07 选择"画笔工具"

08 按F5快捷键打开"画笔"面板。

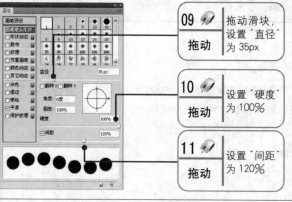

09 拖动滑块，设置"直径"为35px

10 设置"硬度"为100%

11 设置"间距"为120%

12 将前景色设置为白色

13 按住 Shift 键水平拖动

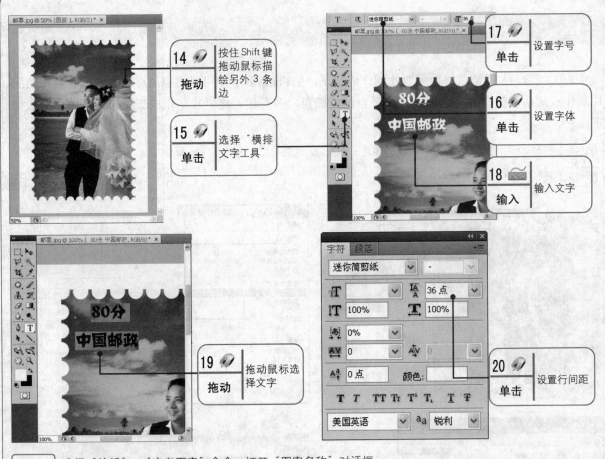

14 拖动　按住 Shift 键拖动鼠标描绘另外 3 条边

15 单击　选择"横排文字工具"

17 单击　设置字号

16 单击　设置字体

18 输入　输入文字

19 拖动　拖动鼠标选择文字

20 单击　设置行间距

21 选择"编辑">"定义图案"命令，打开"图案名称"对话框。

制作的邮票效果

22 输入　给图案命名

23 单击　退出"图案名称"对话框

高手点拨

做到这里邮票就已经设计完成了。如果要打印出来，就要根据打印纸的大小对邮票进行编排，将图片定义成图案，然后在新建文件中使用"油漆桶工具"进行填充，就可以快速地排列好邮票。

24 选择"文件">"新建"命令，打开"新建"对话框。

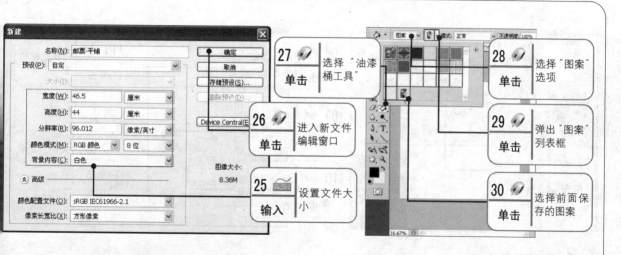

高手点拨

Photoshop 中"定义图案"命令的用处很大，可以给背景填充无缝拼接的背景，其效果如下图所示。

邮票制作后的最终效果

8.1.3 用 Word 制作信笺

一提到信笺，恐怕读者就会想那么多线条，好繁琐。其实，用 Word 配合数码照片，可以快速地制作一份有创意的信笺，具体操作方法如下。

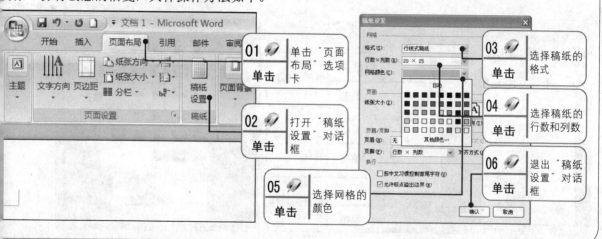

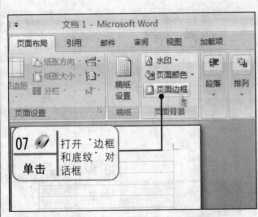

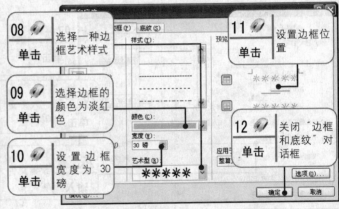

08 单击　选择一种边框艺术样式

09 单击　选择边框的颜色为淡红色

10 单击　设置边框宽度为 30 磅

11 单击　设置边框位置

12 单击　关闭"边框和底纹"对话框

07 单击　打开"边框和底纹"对话框

高手点拨

　　设置页面边框时，在"预览"栏中可以查看设置后的效果，其中有 4 个按钮，分别代表了边框的 4 条边，如果要取消或者添加一条边框，单击对应的按钮即可。在"应用于"下拉列表框中可以选择将边框用在整篇文章还是用在某个段落。在"艺术型"下拉列表框中选择的样式如果是彩色的，就不能改变其颜色，如果是黑色的，是可以在"颜色"下拉列表框中选择颜色的，无论选择哪种艺术样式，都可以对其宽度进行再设置。

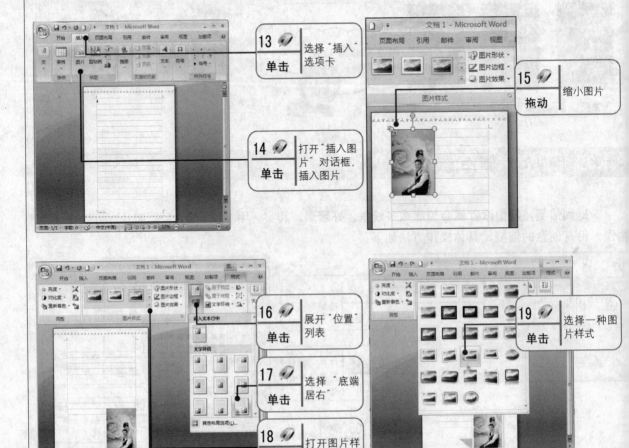

13 单击　选择"插入"选项卡

14 单击　打开"插入图片"对话框，插入图片

15 拖动　缩小图片

16 单击　展开"位置"列表

17 单击　选择"底端居右"

18 单击　打开图片样式列表框

19 单击　选择一种图片样式

在 Word 中制作信笺后的效果

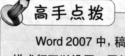

Word 2007 中，稿纸的背景和框线的颜色、样式都可以设置。图片效果也有多种，在"图片效果"列表框中单击某种样式即可快速得到应用。

8.1.4 个性化日历的制作

日历大家都很熟悉，日历在生活中随时会用到，下面主要讲解利用照片来制作个性的日历。

"我形我速"是一款非常简洁、好用的照片编辑软件。使用"我形我速"只需要简单的单击就可以处理出非常漂亮的图片，其里面自带的丰富素材，使处理更加轻松。下面就使用"我形我速"来制作日历，具体操作方法如下。

01 单击 | 选择照片路径

02 双击 | 选中照片

03 单击 | 单击"分享"菜单

04 在弹出的"分享"菜单中选择"日历"命令，切换到日历设置页面。

高手点拨

单击"获取照片"菜单，可以选择在数码相机、扫描仪以及"我的电脑"中打开照片；单击"打印"菜单，选择以普通、平铺、海报或者 T 恤方式打印。"分享"菜单则是制作日历、墙纸、电子邮件等。"Web"菜单则是设置万花筒、魔方、网页贺卡等。在"调整"、"选定范围"、"文字"、"绘图"、"效果"、"装饰"菜单中，主要对打开的照片进行调整或者添加效果。

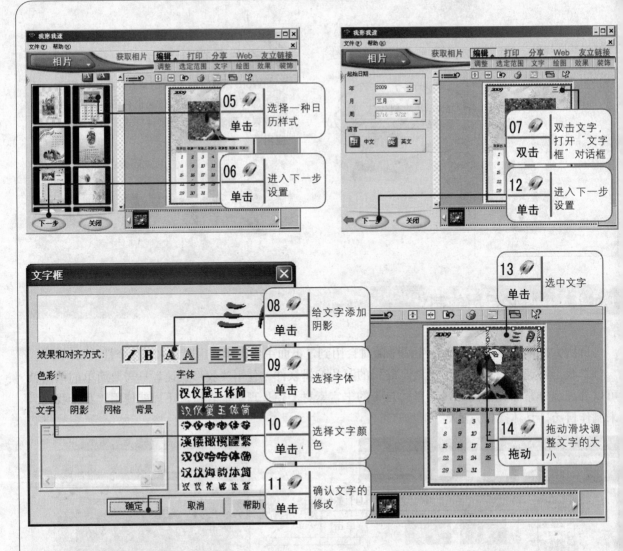

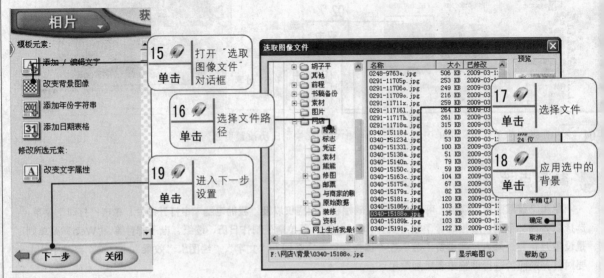

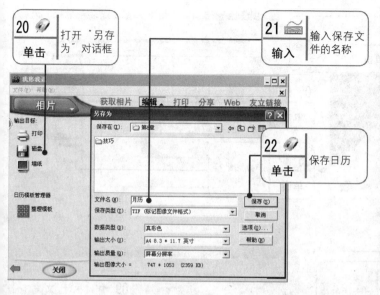

8.1.5 大头贴贴纸的制作

现在"大头贴"很流行，把自己和朋友合影的照片做成贴纸效果，贴在钥匙扣或者手机上，非常漂亮。下面介绍如何制作大头贴。

"POCO 图客"是由 POCO.CN 网推出的一款免费实用的图片加工软件，操作起来非常简单，老年朋友们也很容易上手。制作大头贴的具体操作方法如下。

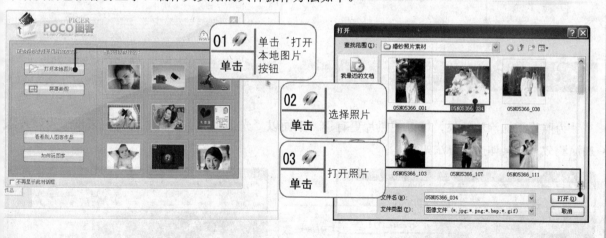

高手点拨

首次启动"图客"，会出现一个导航界面，即上面左图，选择"不再显示此对话框"选项，即可在以后的启动中不再显示。以后打开图片的方式有两种：一种是在 POCO 工作界面中，选择"文件">"打开"命令；另一种是选择工作项目，如"大头贴"，然后在打开的窗口中单击"获取图片"按钮，即可在打开的对话框中选择照片。

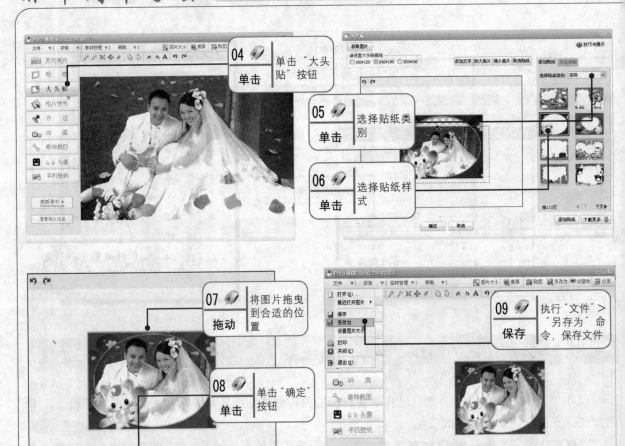

8.1.6 照片涂鸦的制作

为照片添加涂鸦效果，可以使照片更有趣。下面以"光影魔术手"软件为例，来讲解为照片添加涂鸦效果，具体操作方法如下。

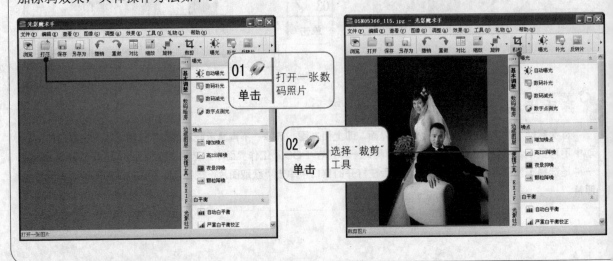

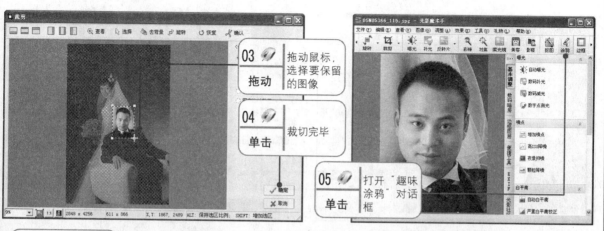

03 拖动 拖动鼠标，选择要保留的图像

04 单击 裁切完毕

05 单击 打开"趣味涂鸦"对话框

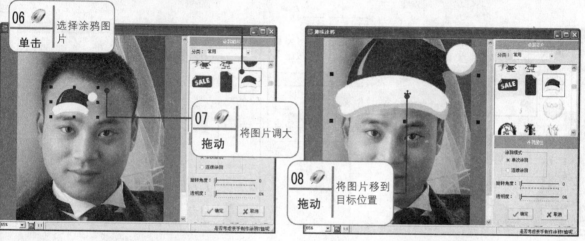

06 单击 选择涂鸦图片

07 拖动 将图片调大

08 拖动 将图片移到目标位置

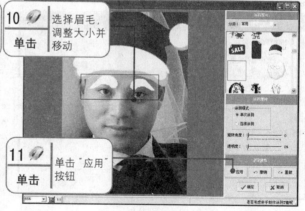

09 单击 单击"应用"按钮

10 单击 选择眉毛，调整大小并移动

11 单击 单击"应用"按钮

高手点拨

　　如果照片过大，刚刚添加的涂鸦图片在窗口中仅显示为一个点，可将鼠标放到右下角拖动来放大图片。添加涂鸦图片后，如果图片角度和素材图片不同，可调整"旋转角度"滑块，使角度与素材图片相匹配。

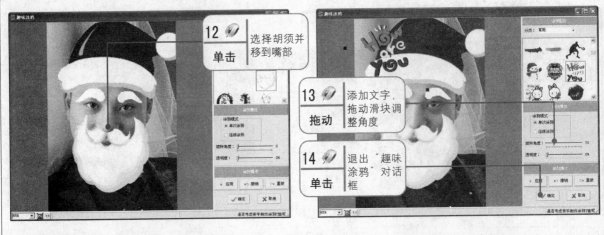

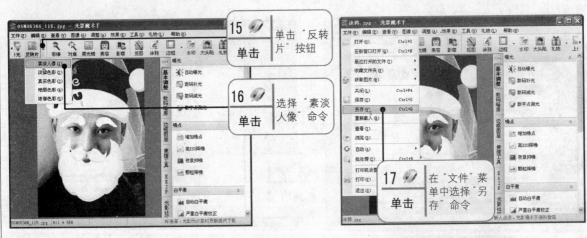

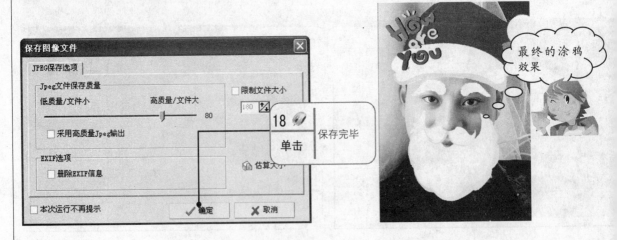

8.2　数码照片在 Windows 系统中的应用

　　在 Windows 操作系统中，有系统内置的桌面背景、开机画面以及屏幕保护等，如果将数码照片应用到 Windows 系统中，将会使计算机充满个人魅力。本节就将详细介绍将照片制作成桌面背景、开机画面以及屏幕保护的方法，还介绍将论坛头像设置成数码照片的方法。

8.2.1　将照片设置成桌面背景

　　读者可能都知道更换桌面背景的方法，但是有想过用自己喜欢的数码照片当成桌面背景呢？下面就来介绍用数码照片做桌面背景的方法。

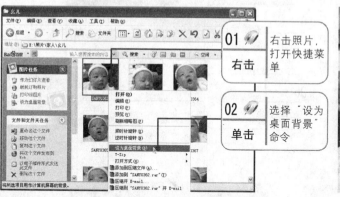

高手点拨

　　使用这种方法可以快速地将照片以设置为桌面背景，也可以通过右击桌面，选择"属性"命令，在打开的对话框中进行桌面设置。

8.2.2　将照片设置成 Windows Vista 的启动界面

　　通常说到更改 Windows 启动画面，就是设置 Windows 欢迎界面的前一个画面。这里通过 Vista 优化大师来设置 Vista 操作系统的启动界面，具体操作方法如下。

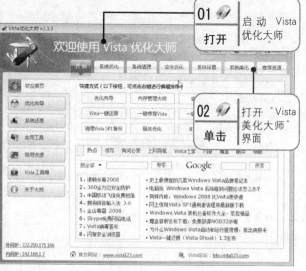
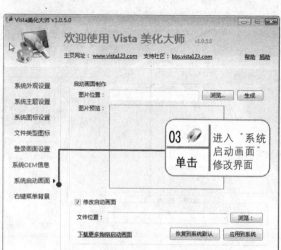

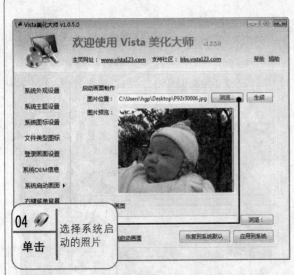

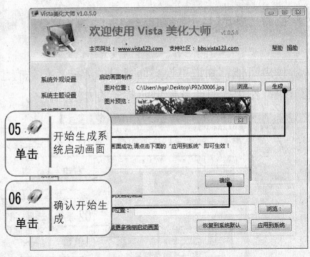

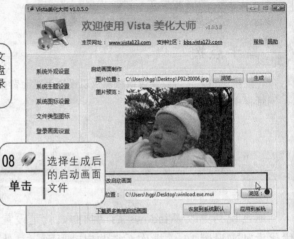

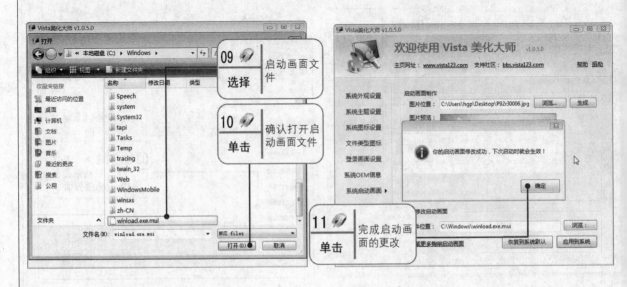

8.2.3　屏幕保护 DIY

　　大家有没有想过用自己的照片或喜欢的照片做屏保，这里来介绍使用"图片收藏"文件夹中的图片来制定 Windows XP 屏保的方法。

　　在 Windows XP 下自带了收藏图片夹屏保功能，利用该功能可以把自己喜欢的照片以屏保的方式显示出来，具体操作方法如下。

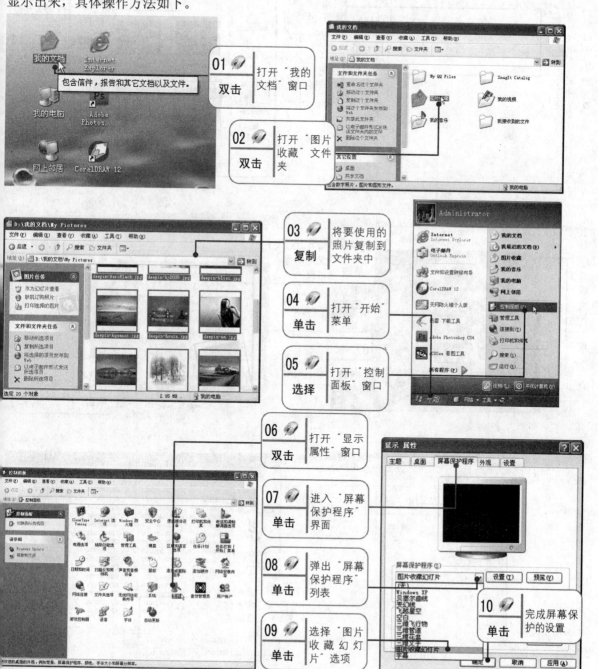

8.2.4 制作 QQ 头像

想让自己的头像更有个性、更美观吗？想把自己的数码照片制成 QQ 头像吗？下面就用"POCO 图客"将数码照片做成 QQ 头像，具体操作方法如下。

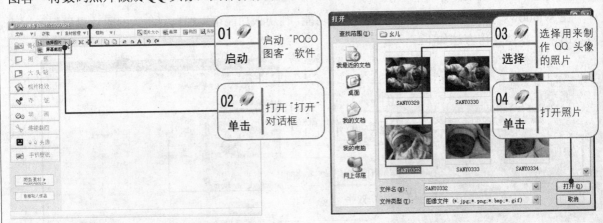

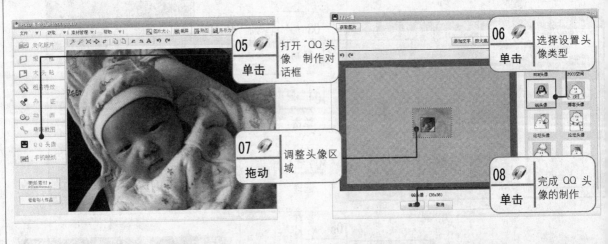

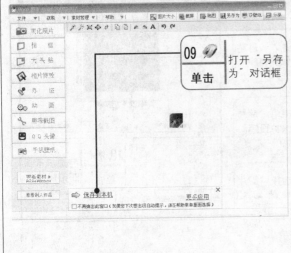

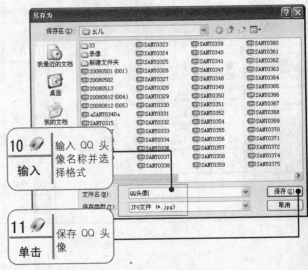

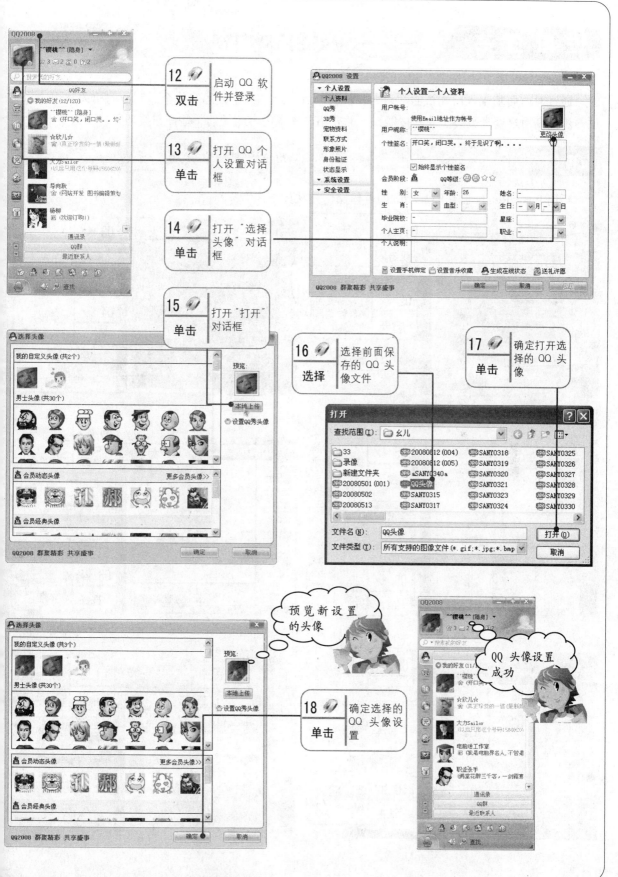

进阶提高 ——— 技能拓展内容

通过对前面基础入门知识的学习，相信初学者已经掌握了数码照片个性制作的相关知识。为了进一步提高用户处理数码照片的技能，下面介绍与本章内容相关的一些操作技巧。

技巧01：制作照片动画

巧用 ImageReady 制作照片动画的具体操作方法如下。

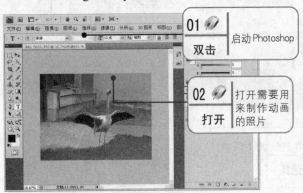

01 双击 启动 Photoshop

02 打开 打开需要用来制作动画的照片

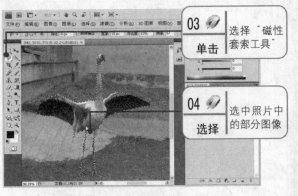

03 单击 选择"磁性套索工具"

04 选择 选中照片中的部分图像

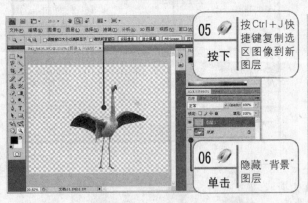

05 按下 按 Ctrl+J 快捷键复制选区图像到新图层

06 单击 隐藏"背景"图层

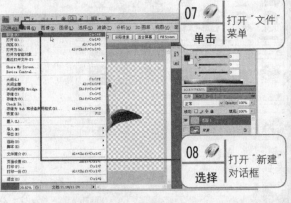

07 单击 打开"文件"菜单

08 选择 打开"新建"对话框

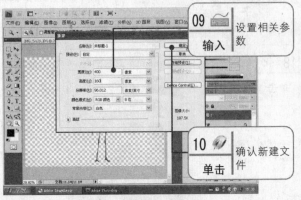

09 输入 设置相关参数

10 单击 确认新建文件

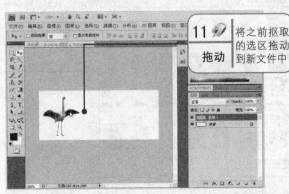

11 拖动 将之前抠取的选区拖动到新文件中

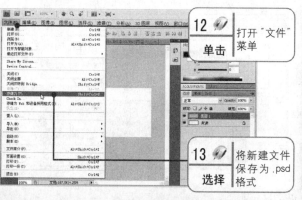

12 单击 打开"文件"菜单

13 选择 将新建文件保存为 .psd 格式

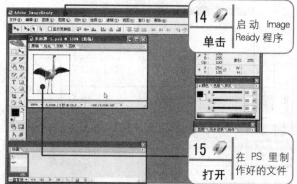

14 单击 启动 Image Ready 程序

15 打开 在 PS 里制作好的文件

16 单击 复制当前帧

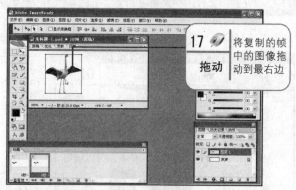

17 拖动 将复制的帧中的图像拖动到最右边

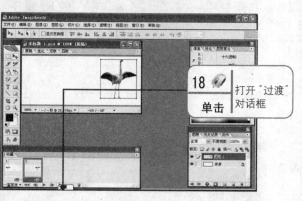

18 单击 打开"过渡"对话框

过渡

过渡(T): 上一帧

要添加的帧(F): 7

确定
取消

图层
◉ 所有图层
○ 选中的图层

参数
☑ 位置(P)
☑ 不透明度(O)
☑ 效果(E)

19 输入 设置过渡的帧数

20 单击 确认设置

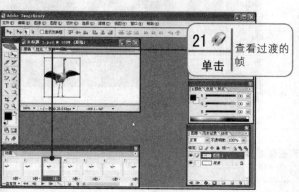

21 单击 查看过渡的帧

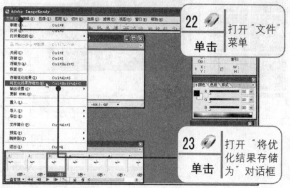

22 单击 打开"文件"菜单

23 单击 打开"将优化结果存储为"对话框

技巧 02: 使用"我形我速"制作夜空中的烟花动画

下面使用"我形我速"来制作夜空中的烟花动画，具体操作方法如下。

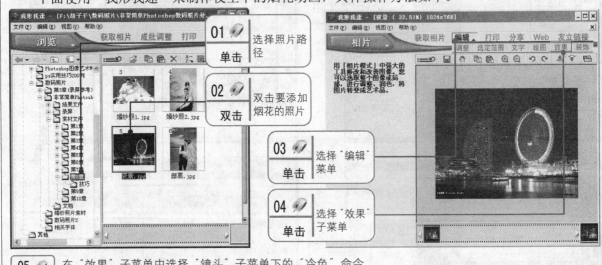

05 在"效果"子菜单中选择"镜头"子菜单下的"冷色"命令。

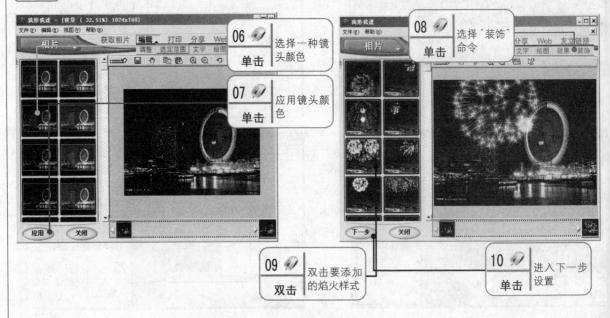

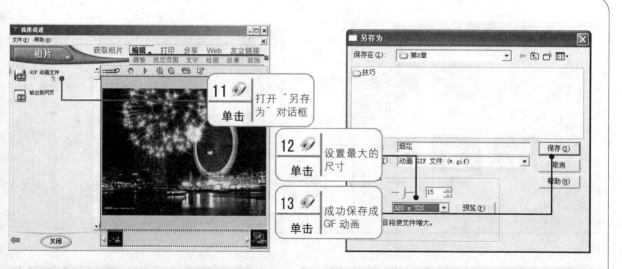

技巧 03：制作论坛头像

用数码照片制作论坛头像的方法很简单，下面以制作 QQ 论坛头像为例进行讲解，具体操作方法如下。

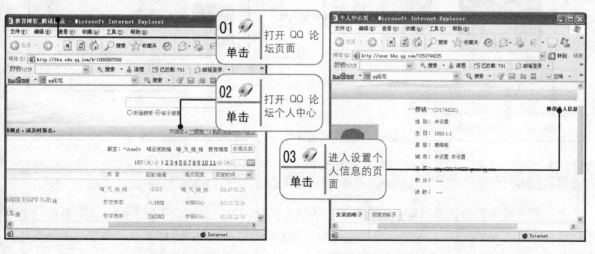

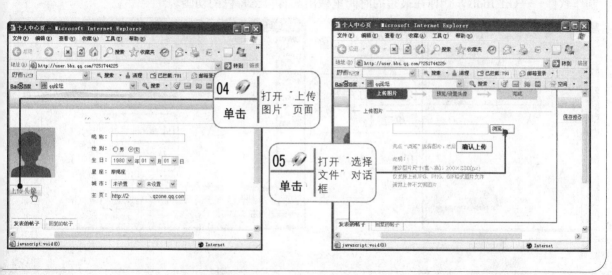

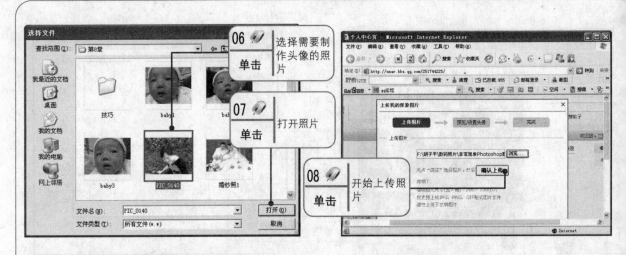

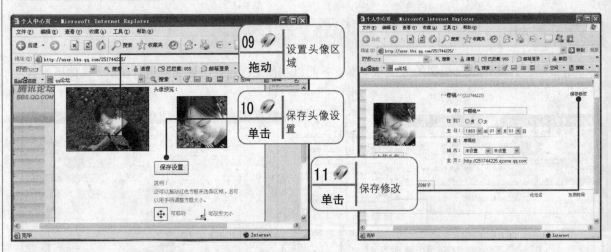

技巧 04：制作手机动画

在彩屏手机即将取代黑白屏手机的今天，各种个性化的设定吸引着年轻人们。亲手制作一个可爱的动画，通过 MSN 或手机发给亲爱的她或他，送上一份惊喜。下面介绍这个简单好用的手机动画制作软件——Gif Tools，让你在最短的时间里做出具有自己特色的动画。

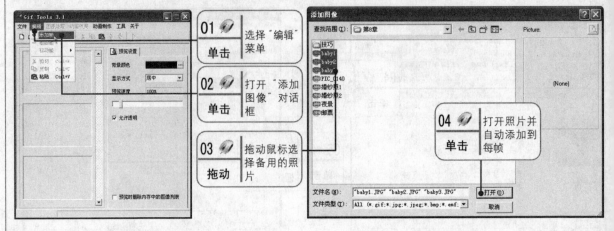

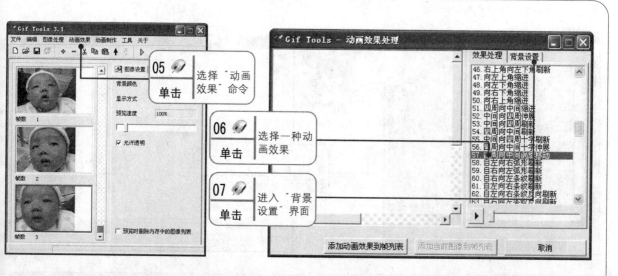

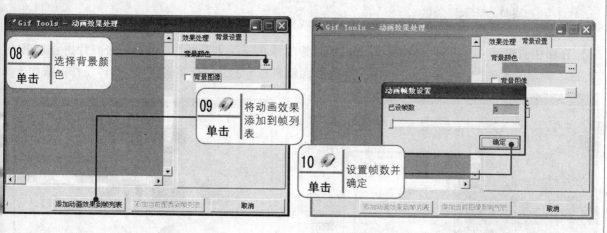

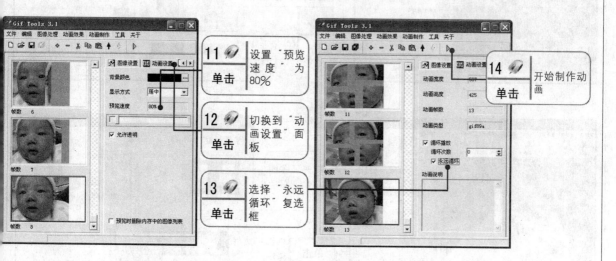

15 动画制作完毕后，自动开始预览动画，预览完毕后，关闭窗口。

16 选择"文件">"保存新动画"命令，打开"保存新动画"对话框。

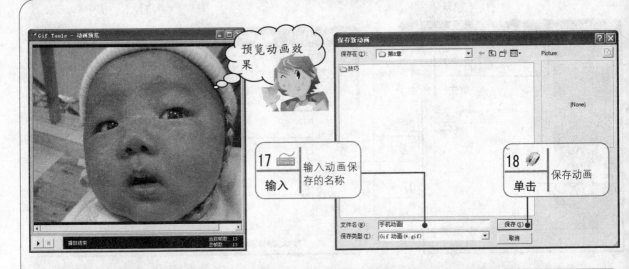

技巧 05：制作多图拼合效果

　　在影楼拍照后，都要选一些拍得理想的照片来制作相册，几乎每一页都是多张照片拼合起来的效果。"光影魔术手"中内置了多种多图边框，下面就来看看怎么拼合多张照片，具体操作方法如下。

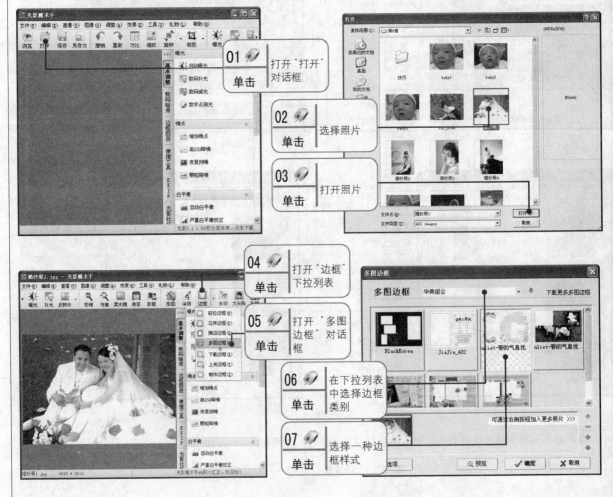

08 单击 打开"打开"对话框

预览添加照片后的效果

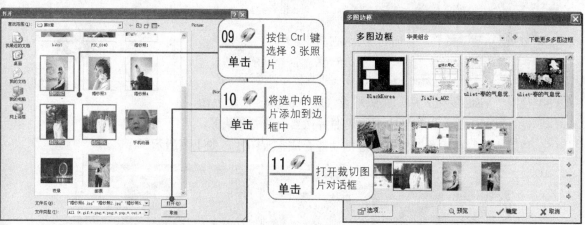

09 单击 按住 Ctrl 键选择 3 张照片

10 单击 将选中的照片添加到边框中

11 单击 打开裁切图片对话框

多图拼合后的效果

12 拖动 拖动鼠标确定裁切区

13 单击 在窗口中预览裁切后的效果

14 单击 同样裁切另外两张照片

15 单击 应用修改

过关练习 —— 自我测试与实践

通过对前面内容的学习，按要求完成以下练习题。

（1）在 Photoshop CS4 中设计相册封面和封底，如下面左图所示。封面是使用图层蒙版将照片应用到相框上，封底是先将背景填充成红色，然后使用"油漆桶工具"在新建的图层上填充图案，再设置图层混合模式。封面和封底制作好后，使用"家家乐"制作数码照片电子相册。

（2）在 Word 中将页面设置成方格式稿纸，然后将照片用倒影样式添加到页面中，使其成为方格信笺，如下面右图所示。

  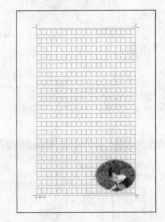

（3）使用"Vista 优化大师"将照片设置成 Windows 启动界面。

（4）在"POCO 图客"软件中用数码照片做自己的 QQ 头像。

（5）使用"光影魔术手"的多图边框功能合成宝宝图片，如下图所示。

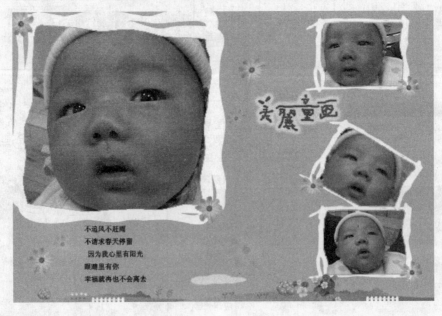

Chapter 09

数码照片输出与分享

高手指引

通过老王的帮助，丫丫学会了使用 Photoshop 处理数码照片。她特意选择了几张自己喜欢的照片，准备把它冲印出来，但是冲印之前要做些什么呢？有哪些输出照片的方式呢？带着这些疑问，她找到老王。

丫丫，数码照片的输出主要包括打印和冲印两种。

老王，哪一种比较好呢？

这个就要看你的需求了，我给你讲讲吧！

那太好了。谢谢您！

不必客气。

随着数码相机进入寻常百姓家，街头巷尾风格不一的"数码冲印店"如雨后春笋般冒了出来，关于数码照片输出的话题也接踵而至。有了数码照片，应该选择数码打印还是数码冲印呢？不同用户对打印和冲印的体验是如何呢？

学习要点

- ◆ 了解数码打印的基础知识
- ◆ 熟悉数码照片的打印方法
- ◆ 了解数码冲印的基础知识
- ◆ 掌握数码照片的冲印方法

轻松入门·快速学会

基础入门 ＼＼ ―― 必知必会知识

9.1　数码打印

　　数码照片的打印就是采用数码打印机来打印照片。通常见到的都是通过图形软件打开数码照片，处理后在进行打印，如 ACDSee 或 Photoshop 等图形图像处理软件。还可以使用数码打印机直接打印输出获得高品质的数码照片。

9.1.1　数码打印的基础知识

　　进行数码照片打印前，首先来对数码照片的打印知识进行了解。

1. PIM 技术

　　数码打印需要数码相机的配合，数码相机必须能够遵循和支持数码输出的协议和标准，才能够配合数码打印机获得高品质的数码照片，支持直接打印输出的数码相机必须具有 PIM 功能。

　　PIM 是 "影像打印匹配"，由爱普生联合美能达、理光、柯尼卡、卡西欧、奥林巴斯、索尼等数码相机生产厂商共同制定的一个共同的技术标准，使打印机能够识别数码相机拍摄时所记录的某些参数，从而能真实地还原拍摄的图像。

　　符合 PIM 标准的打印机能够识别数码相机所记录的图像的色域、伽马值、对比度、锐度、亮度、暗点、亮点、色彩饱和度及色彩平衡等信息参数，根据这些参数，打印机可以按统一的标准打印出前后一致的高质量的照片。

2. DPOF 标记

　　具有 PIM 直接输出打印功能的数码相机就可以配合数码打印机进行工作，为了使得数码直接输出打印更加智能化，现在数码相机又加入了 DPOF 标记来增强数码输出功能。

　　DPOF 是一个用来规定将哪些数码照片输出到外置打印设备的一个系统标准，是由佳能、柯达、富士、三菱公司联合制定的。它通过在设置一系列存储在存储卡特定目录下的文件来实现输出控制，这些文件规定了拍摄的照片将要输出打印、打印多少份、照片上的信息是否被覆盖。要实现 DPOF 标记需要通过数码相机上的菜单来进行操作。

9.1.2　数码打印操作指南

　　下面用非常经典的爱普生数码打印机 Stylus Photo 895 为例来介绍具体的操作过程。

　　如果数码相机支持 PIM 技术的话，将存储卡放到 Stylus Photo 895 的存储卡适配器里面，然后通过打印机的面板对所需要的参数进行调节，之后就可打印输出了。

　　这款打印机对微压电打印头进行了精密的技术调整，将墨滴定位的精确程度双倍提高，确保最高分辨率达到 2880dpi，所以，质量方面不用担心。

　　如果要进行更加细致的处理，可以在中间连接计算机进行调节。这款打印机随机赠送了 EPSON Photo Quicker3.0 照片处理软件，当计算机接收到含有打印命令的图像文件时，这个软件将会自动启动，并且将命令传递给打印机驱动。由此得到的图像就可以真实地反映出数码相机的性能。那么，就需要将数码相机首先和计算机连接，然后通过计算机再与打印机连接来完成整个打印工作。

9.1.3　主流数码打印机介绍

　　目前主流的数码照片打印工具应该算是彩色喷墨打印机。在迅速提高打印质量的同时，彩色喷墨打印机在打印速度和介质种类方面得到了显著的增强，下面来看看目前主流的数码打印机。

1．奥林巴斯

　　奥林巴斯是这一产品领域的代表。P-330NE 是其开发的第一款数码打印机，306dpi 分辨率，1677 万色热升华打印系统可以打印出 100mm×140mm 色彩亮丽的照片。

　　P-330NE 设计了一个 Smart Media 槽口，只要将 CAMEDIA 数码相机拍摄的影像存储进 Smart Media 卡，并将该卡插入内置的 Smart Media 槽口，即可方便地打印照片。

奥林巴斯 P-330NE
打印机外观

高手点拨

　　使用奥林巴斯 P-330N 打印机，不但可以从 Smart Media 卡上下载拍摄的影像，输入到计算机中或者将计算机屏幕上的图像打印成照片。还可以使用 Video Out（视频输出）将电视机屏幕上的影像印成照片或用电视机观看所储存的影像。

2．爱普生

　　Stylus Photo 895 支持 PIM 技术，能够直接打印完美图像。通过内置的可移动存储卡（PC 卡，兼容 CF/ Smart Media/Micro Drive/记忆棒）插槽，配上专用的微型 LCD 彩色显示屏，与数码相机配套使用就成为"便捷式数码照片冲印机"。

　　其具备两个特点：配合专用纸张达到 2880 dpi×720dpi 高分辨率；无需计算机就能实现连续的无边距照片打印（此时的分辨率降到 1440 dpi×720dpi），并且分辨不出普通胶卷冲印照片与数码打印照片之间的区别。

高手点拨

　　Stylus Photo 895 卓越的打印效果除了高打印精度外，还应该归功于六色（青、浅蓝、洋红、浅红、黄色和黑色）Photo 速干墨水及微压电喷头喷出的 4 微微升的墨滴。同时，打印图像依靠最新研制的抗光材料能保存 20 年不会褪色。

3．索尼

　　数码世界怎么能够少了索尼的身影，在索尼数码相机大展威风的时候，索尼公司也推出了很多经典的数码照片打印机，索尼 DPP-SV77 就是一款轻便小巧的经典产品。

　　DPP-SV77 适合在任何场合使用。它的彩色液晶显示屏可以不需要计算机而独立打印照片。它的多种编辑选项，大部分可以在触摸屏上操作。通过视频输出端口和 TV 或其他视频设备连接后，这款打印机还可以当作输出装置使用，通过 USB 端口还可以将其与计算机连接起来。

高手点拨

　　DPP-SV77 快速、方便、高质量地打印 4in×6in 或 4in×3.5in 的照片，每张照片的打印时间约为 90 秒 。染色升华技术能够支持 1670 万种颜色，还可以再压上清晰的保护膜，同时可以根据自己的爱好选择光滑或有纹理的保护膜。

4．佳能

　　佳能 i560 数码照片打印机外型设计紧凑，边角采用了弧形设计，给人的总体感觉时尚、美观。由于支持有全球最新的"Pict Bridge"和佳能公司自有的"Bubble Jet Direct"协议，用户使用兼容其中任意协议的数码相机所拍摄的照片，都能够通过连接佳能 i560 直接打印，而无需连接计算机。

　　广泛先进技术的应用，使得佳能 i560 在进行图像打印以及数码照片的打印都变得更加美妙，并同时支持有无边距照片打印功能。

佳能 i560 数码照片打印机外观

5. 惠普

HP Photo Smart 245 是一款准专业的照片打印机。它属于便携式机型，因此只适合输出 4in×6in 和相近规格尺寸的照片。充分考虑到了用户外出时的需求，机身非常小巧，重量也仅为 1.33kg，并同时配有 4 个存储卡插槽，支持读取目前流行的绝大部分存储卡类型。另外值得一提的是，它还可通过车载电源完成打印作业，这些设计为用户在外出时的携带及使用提供了便利的条件。

HP Photo Smart 245 的机身设计面面俱到。机身上方设有多个功能按键，可对图像的缩放、打印份数等参数进行调节，配上含有中文显示的 1.8in 彩色液晶显示屏，用户可以脱离计算机直接对照片进行编辑和选择，实现即拍即打功能。

HP Photo Smart 245 数码照片打印机外观

9.2　数码照片冲印前的准备

随着数码相机越来越多地走进普通家庭，数码彩扩冲印店也多了起来，拥有数码相机的朋友们不再满足于在计算机上欣赏自己的精彩照片，加上在家打印也比较繁琐，渴望将数码照片冲印成传统照片来保存和欣赏，非常简洁。

数码冲印就是用彩扩的方法，将数码图像在彩色相纸上曝光，输出彩色照片，这是一种高速度、低成本、高质量制作数码照片的方法。

9.2.1 拍摄质量与冲印尺寸

为节省存储卡空间，大部分数码相机都会提供多种照片拍摄质量供用户选择。主要分为最佳质量、良好质量及普通质量，其区别是把拍摄后的 JPEG 照片按不同程度进行压缩。但过分压缩会严重影响照片冲印质量，所以后两者拍出的照片不能真正适合冲印。

在对数码照片进行冲印前，用户最好先检查冲印后的照片质量与拍摄到的影像文件是否成比例。数码照片的分辨率越高，压缩率越小，图像文件就越大，图像就越清晰，可冲印照片的尺寸也就越大。

数码照片分辨率大小与冲印照片大小的对照如下表所示。

照片尺寸对照表

规格（英寸）	成品尺寸		文件的长、宽（不低于像素）		文件大小（KB）
	英 寸	毫 米	最 好	较 好	
5	3.5×5	89×127	800×600	640×480	200
6	4×6	101×152	1024×768	800×600	240
7	5×7	127×176	1280×960	1024×768	400
8	6×8	200×152	1536×1024	1280×960	400
10	8×10	200×250	1600×1200	1536×1024	500
12	10×12	250×300	1712×1368	1600×1200	600

9.2.2 用软件修饰照片

在把照片交付冲印店或直接利用打印机打印之前，适当地利用软件调整照片明暗、反差、对比度与色彩鲜艳度有助于提高照片的可观赏性。

这点在本书的前面已经做了详细的讲解，读者在照片冲印前仔细检查照片，找到不满意的地方，再对照本书相关的处理步骤进行修改即可。

9.2.3 给冲印店的清晰指示

大部分冲印店常会遇到顾客指示不清的情况，因为很多人只知道把满载照片的存储卡交给冲印店就可以，没有清楚说明冲印尺寸及文件编号。除非要冲印的照片尺寸统一，否则建议最好先在计算机上把照片分门别类，用不同的文件夹放置不同尺寸的照片，或直接向店员索取照片冲印表格，把要冲印放大的照片和需作特殊处理的照片清晰列明，以减少问题出现。

一般情况下，数码激光冲印店会用计算机自动调整照片亮度和 CMYK 四色调。用户可从冲洗好的照片背后编码了解冲印店是否为照片进行过校色，若出现"NNNN"字样，即表示冲印员觉得无须调整。但一般而言，适当的校色有助于提供照片的观赏性。

9.2.4 备份与隐私

　　虽然大部分冲印店都会小心保管顾客的存储卡，但为避免损失照片，每次冲印时建议先作备份。如果有 **CD-RW** 或 **DVD** 刻录机，最好把不同尺寸的照片放置在不同的文件夹分门别类，并以 **CD-R** 光盘的形式交给冲印店，此举有助于减少人为损坏或意外弄坏存储卡的机会。

　　同时，大部分数码激光冲印店在冲印照片后，一般都会把顾客的相关文件删除，以保障其隐私。如果没有删除，可以要求照片冲印店这么做。

9.3　冲印数码照片

　　拍摄数码照片后，可以直接通过网上或者数码冲印店将照片冲印出来，也可以使用图像编辑软件进行调整后再冲印。下面来看看如何冲印数码照片。

9.3.1 网上冲印

　　网上冲印就是从网上直接将照片传给专业的数码照片冲印网站，冲印好以后将照片寄到客户手中。这里主要介绍在"星空数码冲印中心"进行网上冲印，其具体操作方法如下。

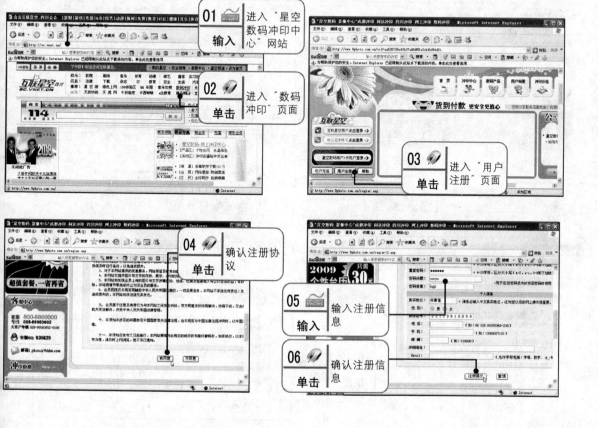

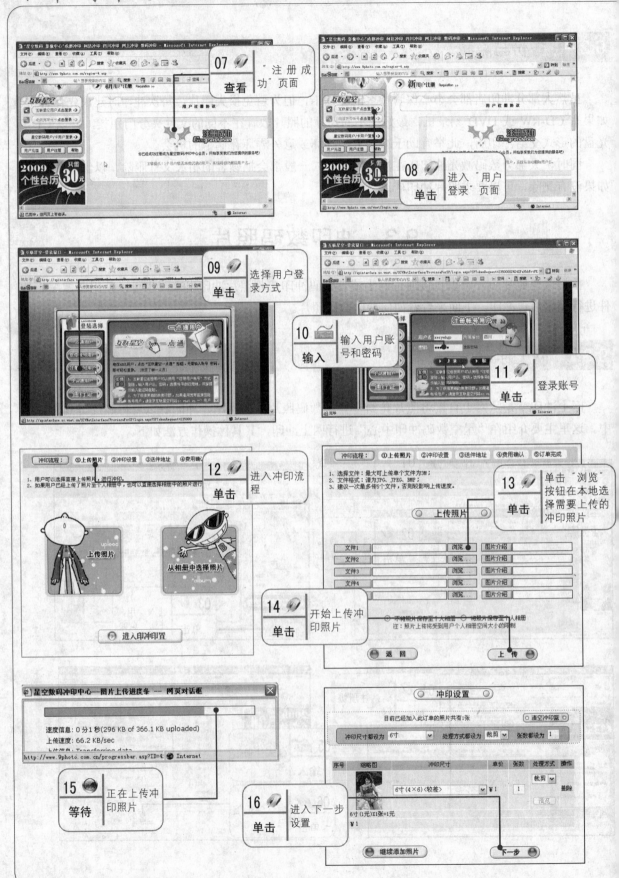

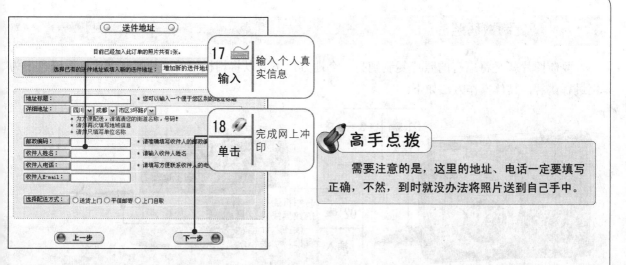

送件地址

目前已经加入此订单的照片共有1张。

选择已有的送件地址或填写新的送件地址：增加新的送件地址

地址标题：	* 您可以输入一个便于您区别的地址标题
详细地址： 四川 ✔ 成都 ✔ 市区3环路 ✔	* 为了方便配送，请填清您的街道名称，号码等
	* 请勿再次填写地域信息
	* 请勿只填写单位名称
邮政编码：	* 请准确填写收件人的邮政编码
收件人姓名：	* 请输入收件人姓名
收件人电话：	* 请填写方便联系收件人的电话
收件人E-mail：	

选择配送方式： ○送货上门 ○平信邮寄 ○上门自取

上一步　　　下一步

17 输入 输入个人真实信息

18 单击 完成网上冲印

高手点拨

　　需要注意的是，这里的地址、电话一定要填写正确，不然，到时就没办法将照片送到自己手中。

9.3.2 数码冲印店冲印

　　另一种途径，就是直接到数码冲印店冲印照片。只需带上存好数码图像的存储卡，选择出片的尺寸即可。

高手点拨

　　一般数码相机的分辨率都是 72dpi，如果仅仅在计算机屏幕上欣赏，72dpi 就足够了。一旦要冲印出来，就需要采用无损缩放的方法（操作方法见第 4 章技巧 08）将其分辨率调到最大，最好在 300dpi 左右。

　　除了可以冲印普通规格的数码照片外，一般这样的公司还为用户提供木雕、怀旧、黑白等多种色调处理的照片，索引片、年历及贺卡等多种艺术加工的照片。

　　不管是在网上冲印，还是直接到数码冲印店里去，工作人员都会选择相纸。目前冲扩数码照片的相纸大概可分为光纸和绒纸两种。

　　光纸的冲印价格比绒纸要稍贵一些。光纸表面光亮，照片的色彩锐度、饱和度较理想，且照片保存时间比较长，一般都在 20 年以上，适合冲印风景数码照片。

　　而绒纸表面有细小的纹理，对照片中的人物面部色彩可起到柔化的作用，更加贴近自然，比较适合冲印人像数码照片。

进 阶 提 高 ———— 技能拓展内容

　　通过对前面基础入门知识的学习，相信初学者已经掌握了数码照片打印和冲印的相关基础知识。为了进一步提高操作技能，下面介绍与本章内容相关的一些操作技巧。

技巧 01：复制数码照片

　　复制照片就是将原有的照片复制到另一个地方，下面以将相机中的照片复制到计算机磁盘中为例进行讲解，具体操作方法如下。

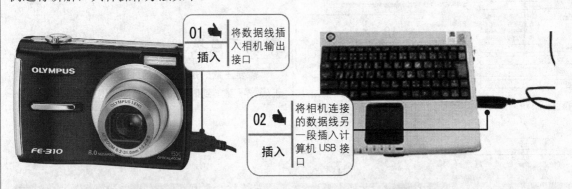

01 插入 将数据线插入相机输出接口

02 插入 将相机连接的数据线另一段插入计算机 USB 接口

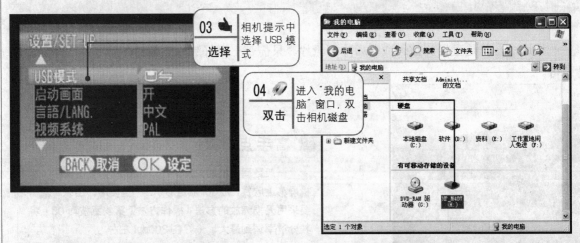

03 选择 相机提示中选择 USB 模式

04 双击 进入"我的电脑"窗口，双击相机磁盘

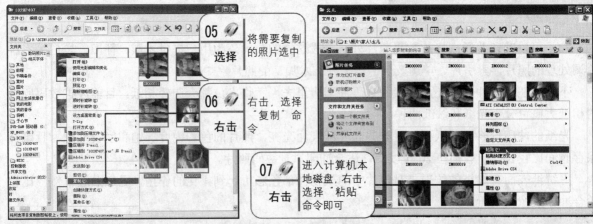

05 选择 将需要复制的照片选中

06 右击 右击，选择"复制"命令

07 右击 进入计算机本地磁盘，右击，选择"粘贴"命令即可

技巧 02：打印数码照片

　　打印数码照片方法很多，前面基础部分已经提到，下面以 Photoshop 软件的打印功能为例进行讲解，具体操作方法如下。

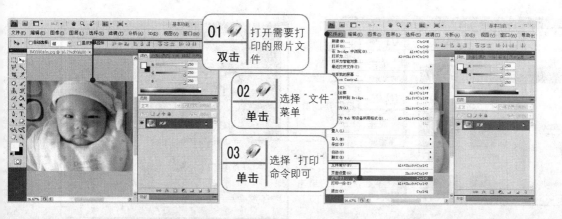

技巧 03：　传送数码照片

　　传送数码照片一般都是通过网络来完成，通常可以通过右键菜单命令或通信软件进行传送。下面通过 **QQ** 聊天软件的传送文件功能为例进行讲解，具体操作方法如下。

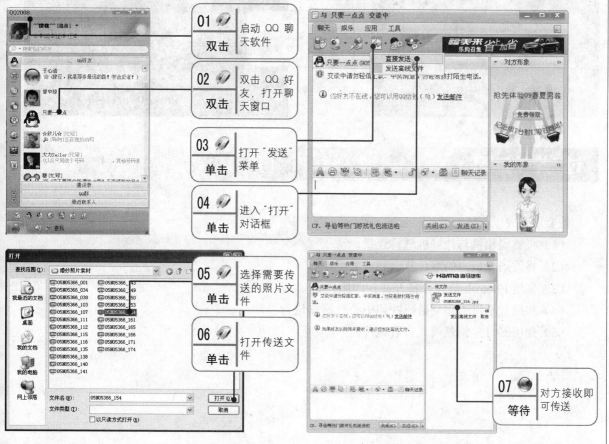

技巧 04：　使用幻灯片方式查看数码照片

　　在查看数码照片时，如果使用幻灯片方式来查看会很方便。下面就讲解幻灯片查看照片的方法，其具体操作方法如下。

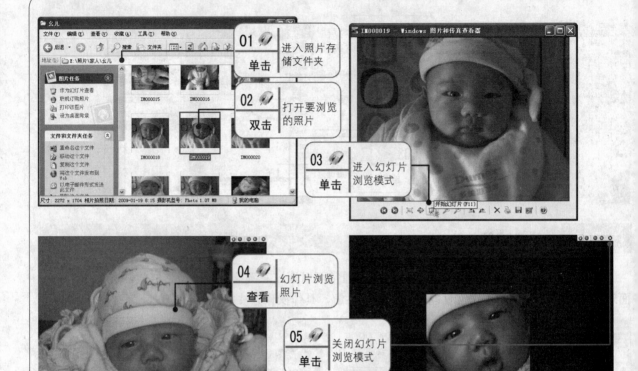

过关练习 —— 自我测试与实践

按要求完成以下练习题。

（1）将数码相机与计算机进行连接。

（2）将数码相机内的照片复制到计算机中。

（3）使用 Photoshop 软件打开并打印照片。

（4）将照片通过"星空数码冲印中心"网站进行冲印。

（5）使用幻灯片浏览模式查看照片。

高手指引

　　自从学习处理照片后，丫丫变成了一个 Photoshop 爱好者。通过处理数码照片，已经基本掌握了 Photoshop 的工具和功能，但是还不能很好地结合使用。于是她又向老王请教如何才能很好地综合运用所学的知识。

 老王，Photoshop 的基本工具我已经会使用了。但是怎样将软件功能与实际案例相结合呢？

 丫丫，多做案例练习，在做的过程中开动脑筋，多思考，就可以灵活地运用软件功能了。

 但是我不知道该做些什么？从哪方面入手？

 这样吧，我给你列一个目录，你按照目录进行操作，然后我再给你讲解如何实现这些效果，这样你经过思考后再学习一定会事半功倍。

　　进入综合实例这一单元就代表着检验前面学习成果的时候来了，本章的案例由浅入深地讲解 Photoshop 功能的运用，从而达到理想的效果。在内容上主要分为在照片上添加文字、添加照片边框、影楼照片的综合处理 3 大部分，相信通过本章学习一定能让你将所学的知识融入到你的设计作品中。

学习要点

- ◆ 通过相册封面的制作，掌握使用图层样式制作文字效果的方法
- ◆ 通过情人节贺卡的制作，掌握文字变形的方法
- ◆ 通过混淆虚实边框的制作，掌握色调调整的方法
- ◆ 通过悬挂式残破边框的制作，掌握画笔工具的设置方法
- ◆ 通过影楼人物照片的修饰，掌握人物美白的技巧
- ◆ 通过影楼情调照片的调整，掌握使用"光照效果"滤镜调整气氛的方法
- ◆ 通过婚纱照片后期合成，掌握合成婚纱照的技巧

10.1　在照片上添加文字

在使用 Photoshop CS4 处理照片时，经常需要输入一些文字，特别是将照片制作成相册封面或者贺卡，文字更是少不了的重要元素。下面就为读者介绍相册封面与情人节贺卡的制作。

10.1.1　相册封面

▶ 实例效果

▶ 实例分析

本例相册封面的制作，主要使用了文字工具、图层样式、"变换"命令、调整图层属性等相关知识。首先输入文字，然后使用图层样式给文字添加"外发光"和"斜面与浮雕"效果，最后复制文字，使用"垂直翻转"命令将文字制作成水中倒影效果。

▶ 制作步骤

01　在 Photoshop CS4 中打开一张风景照片"九寨风光.jpg"

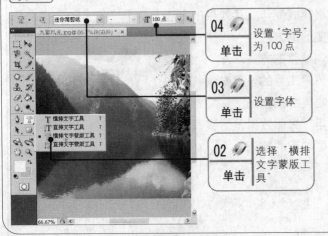

04　单击　设置"字号"为 100 点

03　单击　设置字体

02　单击　选择"横排文字蒙版工具"

05　输入　输入相关的文字内容

06 ✐ 选择"移动工具",得到文字选区。

07 ✐ 按 Ctrl+J 快捷键将选区内图像复制到新图层。

08 ✐ 在"图层"面板中双击"图层 1"图层,打开"图层样式"对话框。

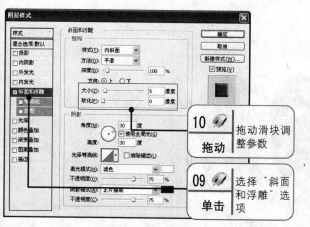

10 ✐ 拖动 | 拖动滑块调整参数

09 ✐ 单击 | 选择"斜面和浮雕"选项

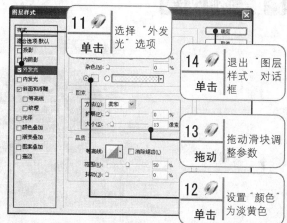

11 ✐ 单击 | 选择"外发光"选项

14 ✐ 单击 | 退出"图层样式"对话框

13 ✐ 拖动 | 拖动滑块调整参数

12 ✐ 单击 | 设置"颜色"为淡黄色

16 ✐ 单击 | 选择"编辑"菜单

15 ✐ 拖动 | 按住 Alt 键垂直拖动文字

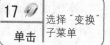

17 ✐ 单击 | 选择"变换"子菜单

18 ✐ 单击 | 选择"垂直翻转"命令

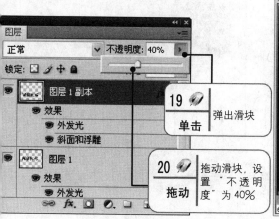

19 ✐ 单击 | 弹出滑块

20 ✐ 拖动 | 拖动滑块,设置"不透明度"为 40%

添加文字后的最终效果

10.1.2　情人节贺卡

▶ 实例效果

▶ 实例分析

　　本例制作的情人节贺卡，主要使用了文字工具、"文字变形"命令、自定形状工具等基本知识。在制作本例时，首先使用"自定形状工具"绘制心形，按住 Alt 键拖动即可复制一个心形，然后使用图层样式为心形描边，最后使用图层蒙版将照片添加到心形中，再输入文字并改变其形状。

▶ 制作步骤

01 在 Photoshop CS4 中打开一张背景图片"贺卡背景.jpg"。

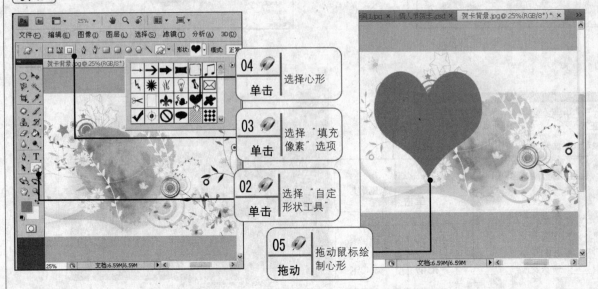

08 按 Ctrl+E 快捷键合并"图层 1"和"图层 1 副本"图层。

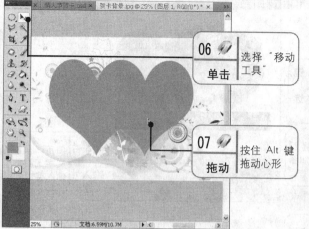

06 单击 选择"移动工具"

07 拖动 按住 Alt 键拖动心形

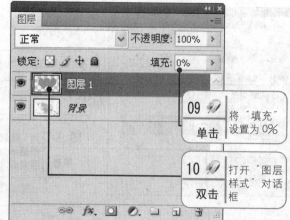

09 单击 将"填充"设置为 0%

10 双击 打开"图层样式"对话框

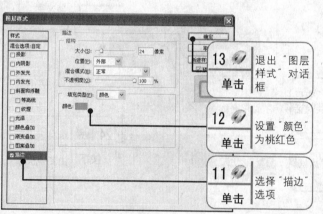

13 单击 退出"图层样式"对话框

12 单击 设置"颜色"为桃红色

11 单击 选择"描边"选项

设置描边样式后的效果

15 选择"椭圆选框工具"。

14 单击 切换到此文件

16 拖动 选择人物

将照片置于心形的下面

17 按 Ctrl+C 快捷键复制选区内的图像，到贺卡文件中按 Ctrl+V 快捷键粘贴图像。

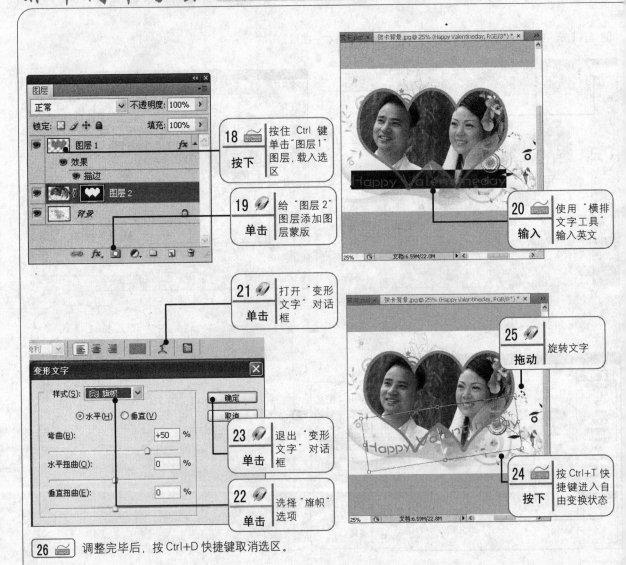

18 按下　按住 Ctrl 键单击"图层1"图层, 载入选区

19 单击　给"图层2"图层添加图层蒙版

20 输入　使用"横排文字工具"输入英文

21 单击　打开"变形文字"对话框

22 单击　选择"旗帜"选项

23 单击　退出"变形文字"对话框

24 按下　按 Ctrl+T 快捷键进入自由变换状态

25 拖动　旋转文字

26 调整完毕后, 按 Ctrl+D 快捷键取消选区。

10.2　添加照片边框

使用 Photoshop 为照片添加边框, 边框的样式有多种, 有花边边框、简单的几何形边框、残破边框、卡通边框等, 如下图所示。下面将用两个实例来介绍添加边框的方法。

花边边框

卡通边框

10.2.1 混淆虚实效果

▶ 实例效果

▶ 实例分析

本实例中，主要使用了"磁性套索工具"、"自由变换"命令、"色相/饱和度"命令、"高斯模糊"命令等相关知识。首先使用"磁性套索工具"将拿卡片的手选择出来，并将其放到风景照片上，调整大小后复制部分风景图像，然后使用"色相/饱和度"命令将图像色彩调得鲜艳，最后使用"高斯模糊"命令模糊背景。

▶ 制作步骤

01 在 Photoshop CS4 中打开一张照片"风景.jpg"和"手.jpg"。

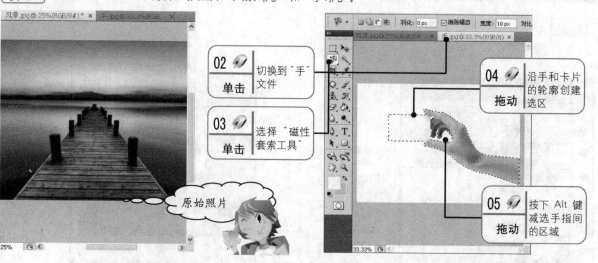

06 按 Ctrl+C 快捷键复制选区内的图像，到"风景"文件中按 Ctrl+V 快捷键粘贴图像。

07 按 Ctrl+T 快捷键进入自由变换编辑状态。

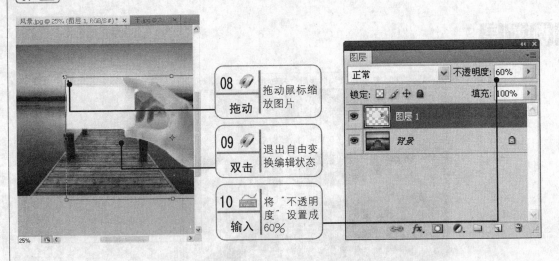

08 拖动 拖动鼠标缩放图片

09 双击 退出自由变换编辑状态

10 输入 将"不透明度"设置成 60%

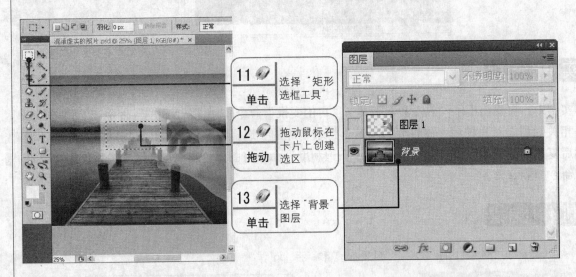

11 单击 选择"矩形选框工具"

12 拖动 拖动鼠标在卡片上创建选区

13 单击 选择"背景"图层

14 按 Ctrl+J 快捷键复制选区中的图像到"图层 2"图层。

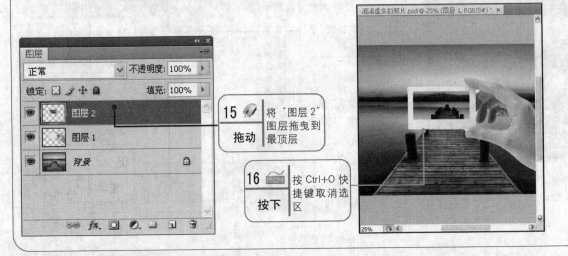

15 拖动 将"图层 2"图层拖曳到最顶层

16 按下 按 Ctrl+O 快捷键取消选区

17 按 Ctrl+U 快捷键打开"色相/饱和度"对话框。

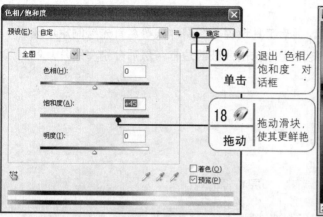

> 19 单击 退出"色相/饱和度"对话框
> 18 拖动 拖动滑块，使其更鲜艳

增加饱和度后的效果

20 选择"背景"图层，选择"滤镜">"模糊">"高斯模糊"命令，打开"高斯模糊"对话框。

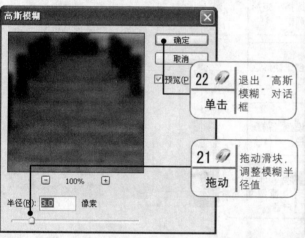

> 22 单击 退出"高斯模糊"对话框
> 21 拖动 拖动滑块，调整模糊半径值

混淆虚实的效果

10.2.2 悬挂式残破边框效果

▶ 实例效果

▶ 实例分析

在本例制作中，主要使用到"收缩"命令、画笔工具设置、图层样式等。首先绘制矩形选区，缩小选区并填充颜色，然后选择喷溅笔尖，在矩形上涂抹出残破的边框，然后分别将照片复制到残破边框中，调整大小后即可得到最终效果。

▶ 制作步骤

01 在 Photoshop CS4 中打开一张照片"小花.jpg"。

02 在"图层"面板中单击"新建图层"按钮，新建"图层 1"图层。

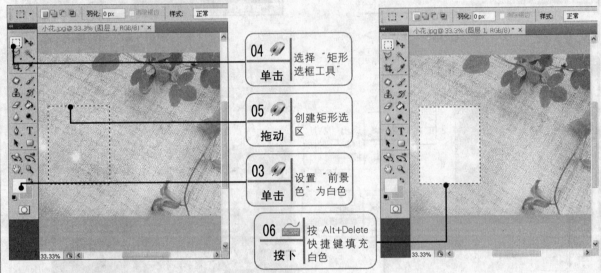

04 单击　选择"矩形选框工具"

05 拖动　创建矩形选区

03 单击　设置"前景色"为白色

06 按下　按 Alt+Delete 快捷键填充白色

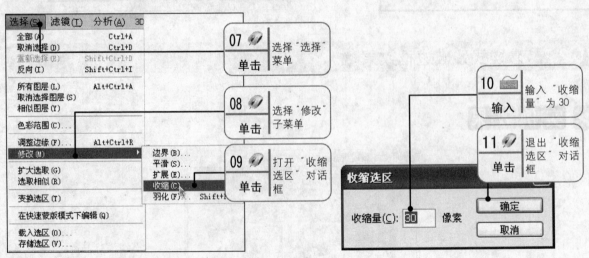

07 单击　选择"选择"菜单

08 单击　选择"修改"子菜单

09 单击　打开"收缩选区"对话框

10 输入　输入"收缩量"为 30

11 单击　退出"收缩选区"对话框

收缩选区

收缩量(C): 30 像素

确定

取消

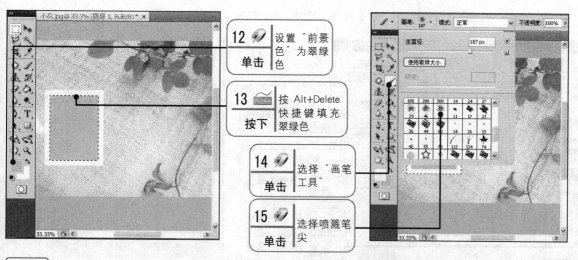

17 🖱 在"图层"面板中双击"图层1"图层,打开"图层样式"对话框。

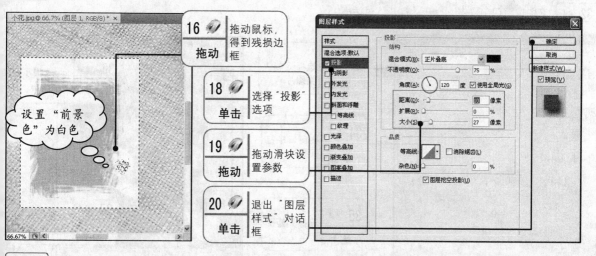

21 🖱 按住 Alt 键拖动边框2次,得到"图层1副本"图层和"图层1副本2"图层。按下 Ctrl+T 快捷键进入自由变换编辑状态,分别旋转"图层1副本"图层和"图层1副本2"图层的角度。

22 🖱 在"图层"面板中双击"图层1副本2"图层,打开"图层样式"对话框。

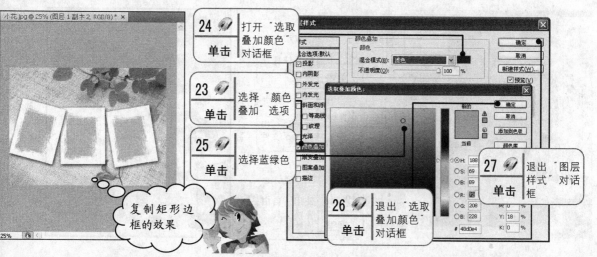

28 在"图层"面板中双击"图层 1 副本"图层，打开"图层样式"对话框。

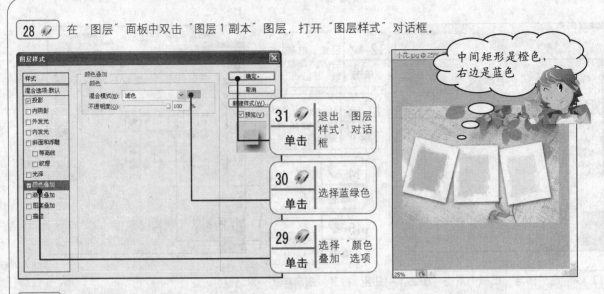

31 单击　退出"图层样式"对话框

30 单击　选择蓝绿色

29 单击　选择"颜色叠加"选项

中间矩形是橙色，右边是蓝色

32 在图像窗口中双击，打开"打开"对话框。

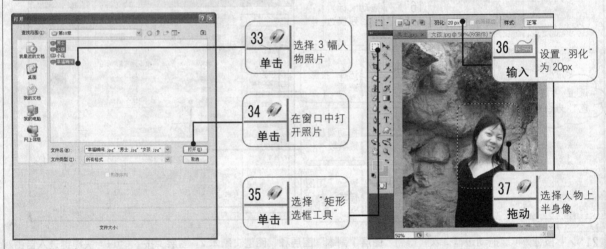

33 单击　选择 3 幅人物照片

34 单击　在窗口中打开照片

35 单击　选择"矩形选框工具"

36 输入　设置"羽化"为 20px

37 拖动　选择人物上半身像

38 按 Ctrl+C 快捷键复制选区内的图像。

41 在"小花"文件中按 Ctrl+V 快捷键粘贴图像。

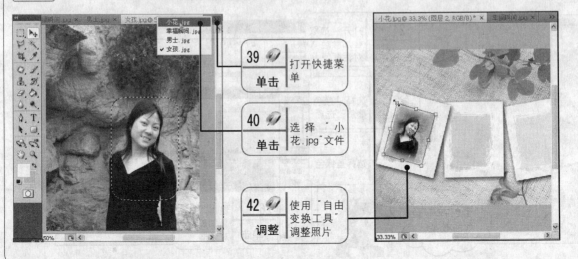

39 单击　打开快捷菜单

40 单击　选择"小花.jpg"文件

42 调整　使用"自由变换工具"调整照片

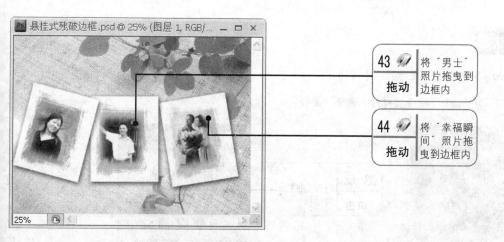

10.3 影楼照片的综合处理

　　影楼的照片每张都是那么漂亮，皮肤柔嫩光滑，无比白皙，很多时候连自己都不认识自己了，个个像明星一样。那么，这些照片上的人物本身都是那么漂亮吗？答案显然不是。抛开化妆和灯光的因素，很多照片都是后期修饰过的产品。本节就来看看如何调整影楼人物照片，以及如何营造气氛，如何合成照片。

10.3.1 影楼人物照片修饰

▶ 实例效果

 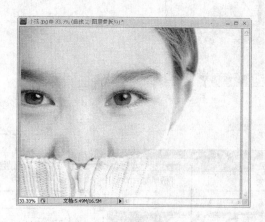

▶ 实例分析

　　本例主要介绍了影楼调整人物照片的方法，调整的方法有很多，大家应该根据照片的具体情况进行处理，比如有雀斑的要去雀斑，有暗疮的要去暗疮。而皮肤不够光滑的就要进行嫩肤的处理，如果眉毛杂乱，还可以清除杂乱的眉毛。本例照片是一张美女的照片，不适合过度修饰，仅仅使用"减淡工具"将面部修白，然后用"曲线"命令使其面色红润。

▶ 制作步骤

01 🖱 在 Photoshop CS4 中打开一张照片"小孩.jpg"。

02 🖱 选择"窗口">"调整"命令，打开"调整"面板。

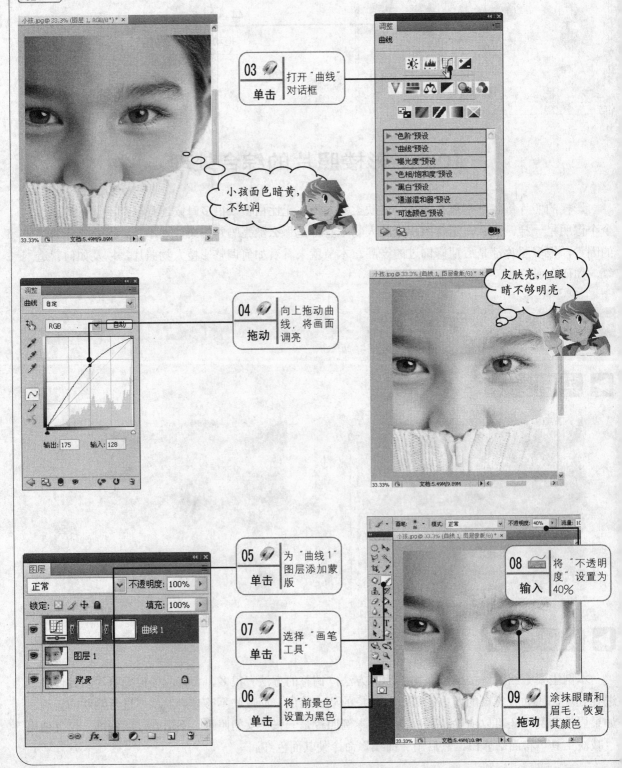

10 🖿 按 Shift+Ctrl+Alt+E 快捷键盖印所有图层得到"图层2"图层。

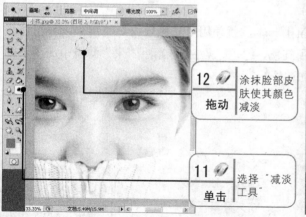

12 🖱 拖动　涂抹脸部皮肤使其颜色减淡

11 🖱 单击　选择"减淡工具"

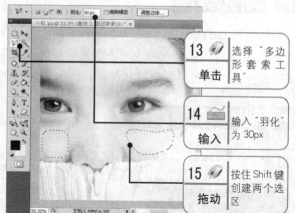

13 🖱 单击　选择"多边形套索工具"

14 ⌨ 输入　输入"羽化"为 30px

15 🖱 拖动　按住 Shift 键创建两个选区

16 🖱 在"调整"面板中选择"曲线"选项，打开"曲线"对话框。

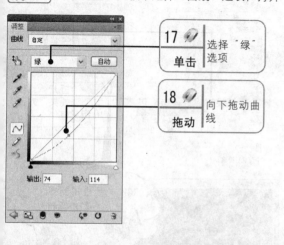

17 🖱 单击　选择"绿"选项

18 🖱 拖动　向下拖动曲线

最终结果皮肤白皙，面色红润

10.3.2 影楼情调照片调整

▶ 实 例 效 果

▶ 实例分析

影楼照片的一大特色是具有各种各样的色调氛围。本例就使用"光照效果"滤镜来制作情调照片。RGB 光其实就是三原色光，即光的颜色包含了红色、绿色、蓝色。"光照效果"滤镜中提供了很多光照样式，读者可以尝试其他样式，也许会得到意外的惊喜。

▶ 制作步骤

01 在 Photoshop CS4 中打开一张照片"幸福瞬间 2.jpg"。

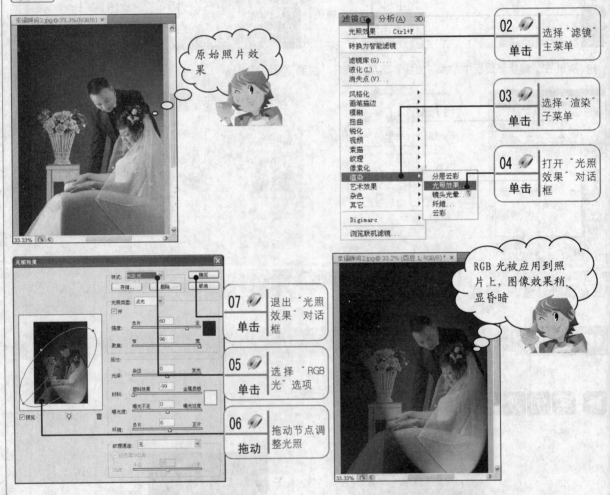

✏ 高手点拨

在"光照效果"对话框中，选择"RGB 光"后，会自动将 RGB 3 个光源用到照片上。如果要调整光源范围，在预览图中单击光源的颜色调节点（如调整红色光源，则单击红点），显示该光源的调节框，拖动其上的节点即可调整。

08 按 Ctrl+M 快捷键打开"曲线"对话框。

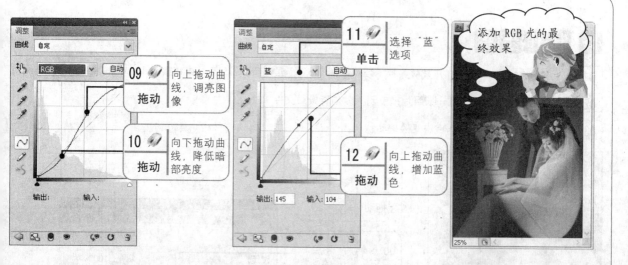

10.3.3 婚纱照片的后期合成

▶ 实例效果

▶ 实例分析

　　装订到相册中的婚纱照，一般都会在一个页面中用几张照片进行合成。使用 Photoshop 合成照片，最常用到的工具就是图层蒙版，使用图层蒙版不但不会破坏原始照片，而且还会和背景无痕迹的过渡，融合的效果相当好。本例就使用图层蒙版将 3 张照片合成到一个背景中。

▶ 制作步骤

01 在 Photoshop CS4 中打开素材照片〝梦幻背景.jpg〞、〝幸福瞬间.jpg〞、〝幸福瞬间1.jpg〞、〝幸福瞬间3.jpg〞。

02 使用〝移动工具〞将一张照片拖曳到〝梦幻背景〞文件中。

03 按 Ctrl+T 快捷键进入自由变换编辑状态。

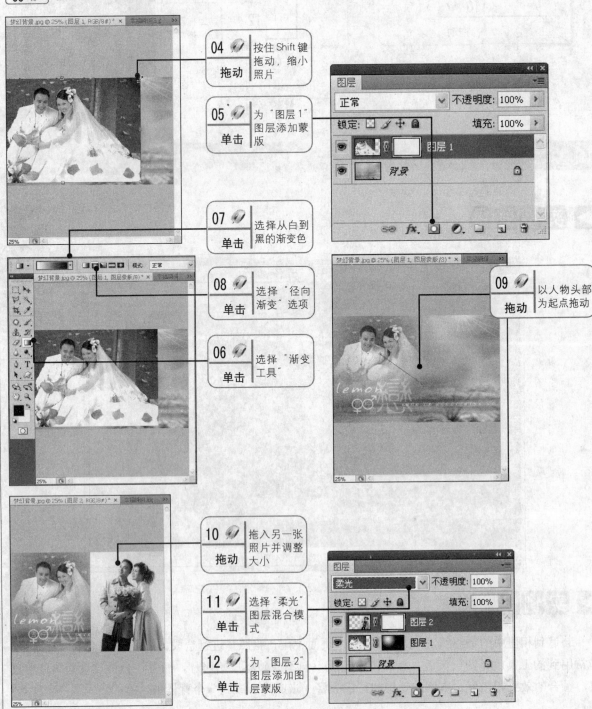

04 拖动 按住 Shift 键拖动，缩小照片

05 单击 为〝图层1〞图层添加蒙版

07 单击 选择从白到黑的渐变色

08 单击 选择〝径向渐变〞选项

06 单击 选择〝渐变工具〞

09 拖动 以人物头部为起点拖动

10 拖动 拖入另一张照片并调整大小

11 单击 选择〝柔光〞图层混合模式

12 单击 为〝图层2〞图层添加图层蒙版

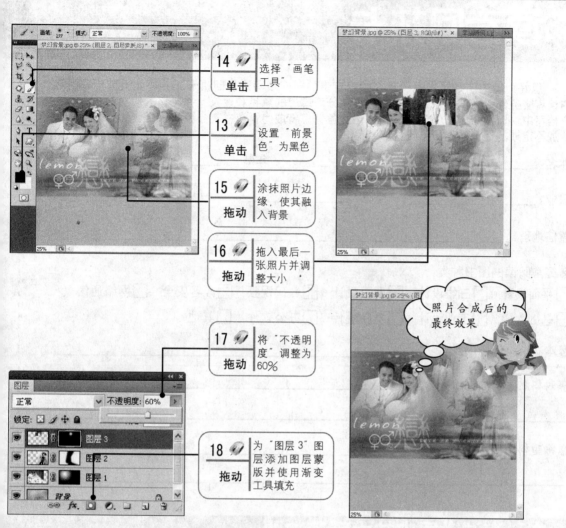

14 选择"画笔工具"
单击

13 设置"前景色"为黑色
单击

15 涂抹照片边缘，使其融入背景
拖动

16 拖入最后一张照片并调整大小
拖动

17 将"不透明度"调整为60%
拖动

18 为"图层3"图层添加图层蒙版并使用渐变工具填充
拖动

照片合成后的最终效果

北京市海淀区上地信息路2号国际科技创业园2号楼14层D
北京科海培中技术有限责任公司/北京科海电子出版社 市场部
邮政编码: 100085
电　话: 010–82896445
传　真: 010–82896454

　　您好！感谢您购买本书，请您抽出宝贵的时间填写这份回执卡，并将此页剪下寄回我们的读者服务部。我们会在以后的工作中充分考虑您的意见和建议，并将您的信息加入公司的客户档案中，以便向您提供全程的一体化服务。您将成为科海书友会会员，享受优惠购书服务，参加不定期的促销活动，免费获取赠品。

姓名：_____　　性别：_____　　年龄：_____　　学历：_____

职业：_____　　电话：_____　　E—mail：_____

通信地址：_____

您经常阅读的图书种类：

☐平面设计　☐三维设计　☐网页设计　☐数码视频　☐黑客安全　☐网络通信

☐基础入门　☐工业设计　☐电脑硬件　☐办公软件　☐其他

您本次购买的图书是：_____

您对科海图书的评价是：_____

_____

您希望科海出版什么样的图书：_____

_____

北京科海诚邀国内技术精英加盟

图书编写：lijingpu@sina.com

科海图书一直以内容翔实、技术独到、印装精美而受到读者的广泛欢迎，以诚信合作、精心编校而受到广大作者的信赖。对于优秀作者，科海保证稿酬标准和付款方式国内同档次最优，并可长期签约合作。

科海图书合作伙伴

从以下网站/论坛可以获得科海图书的更多出版/营销和活动信息

华储网　　http://www.huachu.com.cn

互动出版网　http://www.china—pub.com

卓越网　　http://www.joyo.com

V6DP　v6dp　http://www.v6dp.com